Bibliografische Information der Deutschen Nationalbibliothek:

Die Deutsche Bibliothek verzeichnet diese Publikation in der Deutschen Nationalbibliografie; detaillierte bibliografische Daten sind im Internet über http://dnb.d-nb.de/ abrufbar.

Impressum:

Copyright © 2010 GRIN Verlag
Druck und Bindung: Books on Demand GmbH, Norderstedt Germany
ISBN: 9783668678446

Dieses Buch bei GRIN:

https://www.grin.com/document/162423

Dorothea Bernhard

Parmigiano Reggiano. Gelebte Handwerkskunst im Industriezeitalter prägt eine Region

GRIN Verlag

Universität Passau
Philosophische Fakultät

Parmigiano Reggiano
-
Gelebte Handwerkskunst im Industriezeitalter prägt eine Region

Bachelorarbeit
European Studies

Dorothea Bernhard
Passau, im März 2010

Inhalt

Abbildungsverzeichnis:

BILDER:

ABBILDUNGEN:

GRAFIKEN:

TABELLEN:

KARTEN:

Abkürzungsverzeichnis:

BRD	Bundesrepublik Deutschland
Consorzio	Consorzio del Formaggio Parmigiano-Reggiano
DOC	Denominazione di Origine Controllata
EG	Europäische Gemeinschaft
EuGH	Europäischer Gerichtshof
g.g.A.	geschützte geografische Angabe
g.t.S.	garantiert traditionelle Spezialität
G.P.	Grana Padano
g.U.	geschützte Ursprungsbezeichnung
ha	Hektar
LNF	landwirtschaftliche Nutzfläche
P.R.	Parmigiano Reggiano
VO	Verordnung

1. Einleitung

Globalisierung. Standardisierung. Rationalisierung. Gerade heute scheint es das allgegenwärtige Ziel zu sein, mit möglichst geringem Aufwand an Arbeit, Kapital und Zeit möglichst viel zu erreichen. Maximaler Gewinn hat oberste Priorität. Dank dieser Einstellung hat die Gesellschaft weltweit begonnen Traditionen zu vergessen. Einsetzend mit der industriellen Revolution entwickelte sich ein Trend, der wohl heute seinen Höhepunkt erreicht hat: Discounterwaren dominieren den Markt. Traditionen und Handwerk spielen nur noch in den wenigsten Bereichen eine nennenswerte Rolle.

Allerdings beginnt sich langsam ein Umdenken abzuzeichnen. Laut Konsumforschung legen immer mehr Konsumenten Wert auf Qualität und sind auch bereit dafür zu zahlen: Qualität statt Quantität ist das neue Motto. Diese Rückbesinnung kann als Folge des gehobenen Lebensstandards gesehen werden, der unsere heutige Gesellschaft zu großen Teilen prägt.[1]

Traditionelles Handwerk steht für Originalität und Qualität. Ein Paradebeispiel für ein solches Traditionsprodukt ist Parmesan – oder korrekter *Parmigiano Reggiano*. Der Extra-Hartkäse aus der italienischen Po-Ebene wird bis heute nach traditioneller Art, rein handwerklich produziert. Trotzdem ist er, wie man vermuten möchte, kein Nischenprodukt; *Parmigiano Reggiano* isst man auf der ganzen Welt.

Wie ein so traditionelles Produktionssystem in der heutigen Zeit nicht nur überleben, sondern erfolgreich funktionieren kann, soll in dieser Arbeit untersucht werden. Dafür wird zunächst die Geschichte des *Parmigiano Reggiano* dargestellt. Es folgt eine genaue Erläuterung der Produktionsmethoden (der Milch und des Käses) sowie der Vermarktung des Käses und dessen enger Bindung an die definierte Produktionsregion. Ebenso wird auf die zum Schutz des Produktes ergriffenen Maßnahmen eingegangen.

Ziel der Arbeit ist es, herauszufinden, ob das *Parmigiano-Reggiano*-Produktionssystem einen gewissen Modellcharakter hat. Ob also auch andere Regionen eines ihrer ehemals traditionellen Produkte in einem vergleichbaren System produzieren und erfolgreich vermarkten könnten, um ähnlich positive Effekte, wie die Schaffung von Arbeitsplätzen im Landwirtschaftssektor, zu erreichen.

2. Parmigiano Reggiano

Im Folgenden soll die Funktionsweise des *Parmigiano-Reggiano*-Produktionssystems erläutert werden. Untersucht werden hierzu die Geschichte, die genauen Produktionsmethoden – sowohl der Milch als auch des Käses selbst –, der Reifungsvorgang und die Vermarktung, die spezielle Rolle des Käsers, die Abschottung des Produkts als

[1] vgl. BEYER, I. (2010)

geschützte Ursprungsbezeichnung – durch EU und *Consorzio* – und die Auswirkungen auf die Produktionsregion.

2.1 Geschichte

Nicht umsonst steht bei der Produktion von P.R. Tradition im Vordergrund. Tradition und Geschichte hängen immer zusammen. Im Fall des Hartkäses legt man großen Wert darauf, stets zu betonen, wie lange es P.R. schon in seiner heutigen Form gibt. Die erste bekannte schriftliche Erwähnung stammt aus Florenz und ist datiert auf das Jahr 1344: Schon hier ist die Rede von „*Parmigiano*“. Die zweite bekannte und wesentlich prestigeträchtigere Schrift, die den Käse explizit benennt, ist das Dekameron (1349-53) von *Giovanni Boccaccio*[2]: In der dritten Novelle des achten Tages heißt es bei der Beschreibung des Schlaraffenlandes [...]„*ed eravi una montagna tutta di formaggio parmigiano grattugiato*“[...][3], was zu Deutsch so viel heißt wie [...]„Dort wäre ein Berg aus geriebenem Parmesankäse“[...][4]. Diese und zahlreiche weitere schriftliche Erwähnungen im Lauf der Jahrhunderte legen die Vermutung nahe, dass schon damals Parmesan weit über seine Produktionsregion hinaus ein Begriff war. Die Ursprünge der P.R.-Herstellung vermutet man Mitte des 13. Jahrhunderts in Parma.[5] Die ersten Produzenten sollen die Benediktinermönche gewesen sein, die in dieses Gebiet gekommen waren, um das Land urbar zu machen. Außerdem ist ebendieser Orden überall berühmt für die Herstellung von Käse. Vor ihrem Kommen gab es in der Region entsprechend wenig großes Milchvieh bzw. stellte man vornehmlich Käse aus Schaf- und Ziegenmilch her.[6] Erst die großen Flächen, die man den Mönchen zusprach, machten ein ausreichendes Anwachsen der Herden möglich. Auch waren nur Mönche dazu in der Lage, die ausgefeilte Technik zu entwickeln: Sie betrieben in ihren Laboratorien Forschung, die ergab, dass zweimaliges Erhitzen der Milch eine festere Käsemasse mit besonders feiner Körnung möglich machte.[7] Ein weiterer Grund, der die Entwicklung der P.R.-Produktion begünstigte, war die über lange Zeit eher nachteilige politische, ökonomische und soziale agrikulturtechnische Situation der Region: Als beliebter Kriegsschauplatz des norditalienischen Adels wurde das Gebiet nicht selten von hungrigen und brandschatzenden Truppen heimgesucht. Dies machte Feldanbau relativ unattraktiv. Milchvieh konnte besser geschützt werden. Erst ab etwa 1400 kehrte Ruhe in der Region ein. In den folgenden 300 Jahren verloren die Mönche zunehmend an Einfluss. Im 16. und 17. Jahrhundert kann dennoch eine deutliche Expansion der Käseproduktion verzeichnet werden. Es folgen Säkularisation und Landnahmen im 18. und

[2] * 1313 in Florenz oder Certaldo; † 21. Dezember 1375 in Certaldo bei Florenz: Einer der bedeutendsten italienischen Schriftsteller – den *tre corone* –, Demokrat, Dichter und bedeutender Vertreter des Humanismus.
[3] BOCCACCIO, G. (1995), S.499
[4] BOCCACCIO, G. (2009), S.634
[5] vgl. DE ROEST, K. (2000), S.19/21
[6] vgl. HALLER-ZINGERLING, C.; HOFMANN, S. (2009), S.185
[7] vgl. DE ROEST, K. (2000), S.32f.

19. Jahrhundert. Die immer größeren Weideflächen führen zu Streit um Wasser.[8] Auch fällt in die letzten Jahrzehnte des 18. Jahrhunderts die Entstehung der sogenannten „turning cheese dairies“: Die Milchbauern schließen sich zu einer Art Genossenschaft zusammen, bei der jedes Mitglied einmal mit der Herstellung des Käses betraut wird. Dies ermöglichte auch kleinsten Betrieben die Herstellung von Käse. Eine weitere Expansion des Sektors ist die Folge. Diese spezielle Produktionsstruktur und die damit einhergehende soziale Organisation führen zur Verbreitung im gesamten Gebiet der heutigen Provinz Reggio nell'Emilia.[9] Daher der Zusatz *„Reggiano“* (ab ca. 1880). Mit dem Wachstum der Produktion ging auch die Zunahme von Problemen einher: Streit und Betrügereien zwischen den jeweiligen Milchlieferanten und Käseproduzenten führten ab 1880 zur

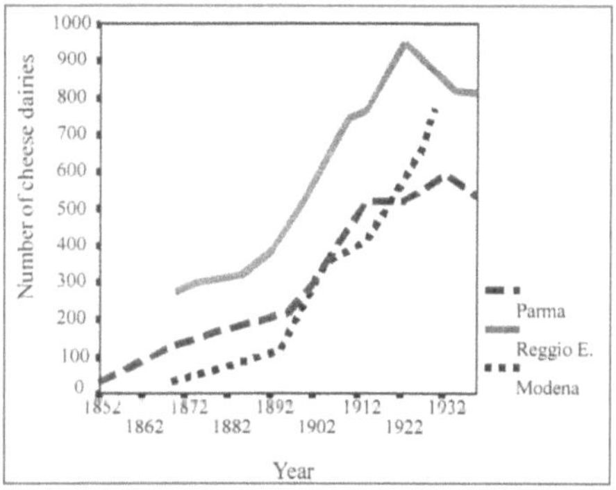

Grafik 1 Zahlenmäßige Entwicklung der P.R.-Käsereien

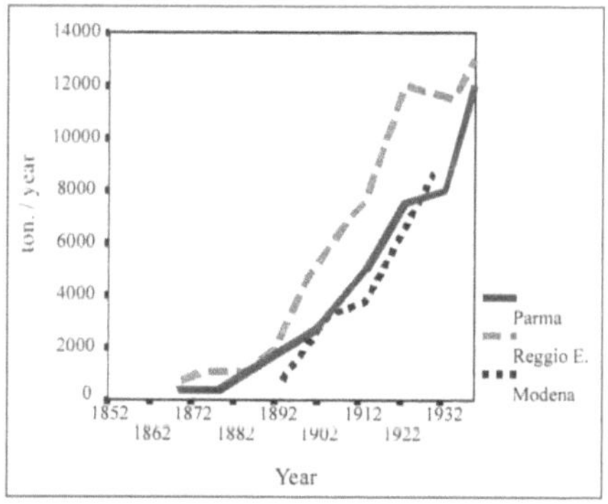

Grafik 2 Entwicklung der Produktion von Parmigiano Reggiano

Entstehung zahlreicher selbstständiger Käsereien, die ihre Milch von den Bauern kauften. Die resultierende Entwicklung zeigt Grafik 1. Das mit der Herstellung und dem Verkauf verbundene Risiko lag somit allein bei den Käsern.[10] Eine wichtige Entwicklung – und gleichzeitig eine der letzten maßgeblichen Veränderungen des Herstellungsverfahrens – fand 1890 statt. Der Käser und Forscher *Giuseppe Notari* führte die Verwendung von Molke ein; die Folge war eine starke Reduzierung der Abfallproduktion (vorher 20-50 % Ausschuss).[11]

Zusätzlich bildeten sich ab Ende des 19. Jahrhunderts die ersten Käserei-Kooperativen, die heute mehr als die Hälfte der Käsereien ausmachen. Schon damals begann sich eines der wichtigsten Merkmale des traditionellen Produktionssystems zu kristallisieren: die Zusammenarbeit.

Die daraus resultierenden plötzlich deutlich ansteigenden Produktionsmengen (siehe Grafik 2) erschufen ein neues Problem: Es mangelte an Lagerflächen für die lange Reifephase. Ein Neubau von Gebäuden und somit mehr Kapital waren nötig. Hier sahen

[8] vgl. DE ROEST, K. (2000), S.22
[9] vgl. DE ROEST, K. (2000), S.23
[10] vgl. DE ROEST, K. (2000), S.24
[11] vgl. DE ROEST, K. (2000), S.27f.

Außenstehende, wie Banken, ihre Chance. Sie stellten gegen Bezahlung Lagerhäuser zur Verfügung, aber ohne das Risiko für die Reifung zu übernehmen. Als Folge entwickelte sich ein neues Betätigungsfeld. Spezialisierte Händler und auf Reifung spezialisierte Firmen wurden ein Teil des Systems. Nach dem ersten Jahr Reifung verkauften die Käsereien ab jetzt ihren Käse an diese Zwischenhändler, die dann den Käse fertig reifen ließen und an die Konsumenten verkauften. Nur ein kleiner Teil des Käses wird bis zum Schluss von den Käsereien selbst gereift und direkt verkauft (vgl. 2.2.5). Diese Entwicklung führte also zu der auch heute noch üblichen Trennung von Produktion und Vermarktung.[12] Bis 1934, dem Gründungsjahr des *Consorzio Volontario Interprovinciale del Grana Tipico*, gab es mehrfach Streitigkeiten über Monopolisierungsversuche sowie die Namensgebung des heutigen Parmigiano Reggiano. Nach dem Zweiten Weltkrieg sind die einzigen noch nennenswerten Veränderungen im P.R.-Produktionssystem die 1954 stattfindende Reorganisation auf einer neuen gemeinsamen Basis, dem *Consorzio del Formaggio Parmigiano-Reggiano*[13] (vgl. 2.3) sowie die *Vernengo*-Entscheidung aus dem Jahr 1984. Vor dieser Entscheidung galt nämlich nur der zwischen 1. April und 11. November hergestellte Käse als *Parmigiano Reggiano*; der Winterkäse (12. November-31. März) galt als Käse minderer Qualität und wurde *Vernengo*[14] genannt. Seit 1984 darf – als Folge der zwischenzeitlich ganzjährig ausgeglichenen Produktionsbedingungen – die gesamte Jahresproduktion als *Parmigiano Reggiano* verkauft werden.[15]

2.2 Produktion

In diesem Teilabschnitt wird zunächst das Produktionsgebiet abgegrenzt und beschrieben, bevor die streng geregelte Milchherstellung sowie die Abläufe der eigentlichen Herstellung von P.R. erörtert werden. Auch die zentrale Rolle des Käsers und die Vermarktung werden anschließend kurz betrachtet.

2.2.1 Das Produktionsgebiet

Da P.R. ein so spezifisch definiertes Produkt ist, möchte man vielleicht meinen, dass das Gebiet, in dem die Herstellung stattfindet, sehr homogen ist; dem ist überraschenderweise nicht so. Die genau festgelegte Produktionsregion von *Parmigiano Reggiano* liegt hauptsächlich im Bereich der Po-Ebene. Das 1934 definierte Gebiet umfasst die Provinzen Parma, Reggio nell'Emilia und Modena sowie den Teil der Provinz Mantua, der südlich des Po liegt und seit 1937 zusätzlich noch den Teil der Provinz Bologna, der westlich des Reno liegt. Mantua ist eine Provinz der Lombardei, während alle übrigen genannten Provinzen

[12] vgl. DE ROEST, K. (2000), S.29
[13] vgl. DE ROEST, K. (2000), S.30
[14] *Vernengo* leitet sich ab aus: it. *in verno* = dt. im Winter
[15] vgl. DE ROEST, K. (2000), S.97

Teil der Emilia-Romagna sind (siehe Karte 1).[16] Die Beschreibung der Lage des Herkunftsgebietes als Teil der Po-Ebene ist irreführend, denn der Käse wird keinesfalls nur in der Ebene erzeugt. Im italienischen Gesetz wurden die Grenzen der Produktionsregion 1955 im Erlass Nr. 1269 noch einmal offiziell verschriftlicht; als Fläche wurden 1,02 Mio. ha (davon 550.000 ha LNF) angegeben. Man unterscheidet drei Gebietstypen: Bergland, Hügelland und Ebene; die gravierendsten Unterschiede bestehen eigentlich zwischen Ebene und Bergland. Die Unterscheidung ist bei einer Untersuchung deshalb nötig, weil die jeweiligen Produktionsgegebenheiten zu stark divergieren, um gleich bewertet werden zu können.[17] Gemeinsam ist dem gesamten P.R.-Produktionsgebiet eine nur durchschnittliche Bodenqualität. Das ganze Gebiet weist kontinentales Klima mit eher heißen und feuchten Sommern sowie kalten Wintern auf. Zwischen Bergen und Ebene besteht jedoch ein durchschnittlicher Temperaturunterschied von 4 °C.[18] So entstehen innerhalb der Region stark diversifizierte natürliche Bedingungen, die wiederum direkten Einfluss auf den Käse haben. Denn je nach Provinz ergibt sich eine andere Futterzusammensetzung, die andere Milch ergibt und somit auch anderen Käse.[19] Ebenfalls nicht unerheblich ist die politische Spaltung der P.R.-Produktionsregion in ein rotes (kommunistisches) und ein weißes (katholisches) Lager. Die kommunistische Prägung zeigt sich deutlich in der dominierenden Art sich in Kooperationen zu organisieren (82 % der Käsereien[20]).[21]

Karte 1 Lage des Produktionsgebietes

2.2.2 Die Milchherstellung

Betreffend die Milchherstellung sind zuallererst die strengen Regularien für eine Analyse von Interesse. Daneben spielen aber auch die Loyalität der Bauern zum P.R.-System und die große Unterschiedlichkeit zur Milchherstellung für industrielle Zwecke eine Rolle. Die Milchherstellung innerhalb der Region bzw. die P.R.-Milchbauern stellen das stabilste Element (also die tiefste Wurzel der Tradition) und somit den Kern der Authentizität des Systems dar; sie garantieren historische Kontinuität.[22] Denn die Komposition und Qualität

[16] vgl. CONSORZIO DEL FORMAGGIO PARMIGIANO-REGGIANO (2008 d)
[17] vgl. DE ROEST, K. (2000), S.48
[18] vgl. DE ROEST, K. (2000), S.51f.
[19] vgl. DE ROEST, K. (2000), S.55/73
[20] vgl. DE ROEST, K. (2000), S.91
[21] vgl. DE ROEST, K. (2000), S.116
[22] vgl. DE ROEST, K. (2000), S.145

der Milch sind entscheidend für den Geschmack des Käses.[23] Gleichzeitig ist die Milchproduktion jedoch auch der wunde Punkt des Systems. Der Druck von außen ist hier enorm. Die detaillierten und strengen Futter-Regularien (des *Consorzio*) verkörpern den größten Unterschied zur industriellen Milchherstellung und sind Hauptgrund für die viel höheren Produktionskosten.[24] Beispiele für solche Regeln sind das absolute Verbot von fermentiertem Futter, von Mais und Sorghum oder Soja, aber auch von Knoblauch und antibiotischen oder hormonellen Zusatzstoffen.[25] Hauptkostenfaktor ist allerdings das prinzipielle Verbot von Silage zu Futterzwecken. Trotz steter Überprüfung dieser Vorschriften (Neuauflagen 1989 und 2000) konnte keine Vereinfachung erreicht werden; tendenziell nahmen die Verbote sogar noch zu. Alternativ zu Silage bietet sich nur Heu an, das in der Regel von den Betrieben selbst produziert bzw. maximal aus Nachbarbetrieben zugekauft wird.[26] Wegen des geringen Wasserangebots und der sonstigen gegebenen Voraussetzungen dominiert Alfalfa hier als Anbaufutterpflanze.[27] Die (wenn auch widerwillige) Zulassung der standardisierten Fütterungstechnik *„unifeed"* durch das *Consorzio* im Jahr 1995 brachte nur minimale Kostenersparnis, da die diesbezüglichen Sonderregeln[28] eine nennenswerte Kostensenkung verhinderten.[29] Trotzdem beherbergte die P.R.-Region im Jahr 1990 15 % aller italienischen Milchkühe (336.000); davon 62 % in der Ebene gehalten.[30] Diese produzieren zu 89,7 % für die Herstellung von P.R. und zu 10,3 % für die Industrie.[31] 1999 fanden sich 2.849 (von insgesamt 7.361)[32] der für P.R. produzierenden Milchbetriebe in den Bergregionen; sie erbrachten immerhin 23 % der P.R.-Milchproduktion.[33] Heute gibt es insgesamt nur noch 3.880 P.R.-Milchbetriebe.[34] Besonders deutlich wird die systeminterne Divergenz der Produktionsbedingungen, wenn man die durchschnittliche Betriebsgröße betrachtet (siehe Tabelle 2). Und dennoch schaffen alle P.R.-Bauern es im selben System zu koexistieren. Dasselbe Phänomen findet sich im Fall der 431[35] P.R.-Käsereien: Durchschnittlich verarbeitet eine Käserei im Jahr 2570 t Milch zu Käse; diese Menge schwankt allerdings von Käserei zu Käserei zwischen 1000 t/ Jahr und über 4000 t/ Jahr (siehe Tabelle 1). Während in den 1970er Jahren eine Käserei durchschnittlich 600 t Milch pro Jahr verarbeitete, waren es in den 1990ern schon 2000 t Milch pro Jahr; d.h. eine Käserei entspricht heute größentechnisch drei ehemaligen

[23] vgl. DE ROEST, K. (2000), S.73
[24] vgl. DE ROEST, K. (2000), S.148
[25] vgl. DE ROEST, K. (2000), S.145
[26] vgl. DE ROEST, K. (2000), S.146
[27] vgl. DE ROEST, K. (2000), S.148
[28] Verhinderung der begünstigten Fermentation des Futters soll verhindert werden, da sonst Auswirkungen auf die Milchqualität zu befürchten wäre (R,149)
[29] vgl. DE ROEST, K. (2000), S.150
[30] vgl. DE ROEST, K. (2000), S.67
[31] vgl. DE ROEST, K. (2000), S.86
[32] vgl. DE ROEST, K. (2000), S.75
[33] vgl. DE ROEST, K. (2000), S.78
[34] vgl. DIPARTIMENTO CONTROLLO QUALITÀ P.R. (2006 a)
[35] vgl. DIPARTIMENTO CONTROLLO QUALITÀ P.R. (2006 a)

Käsereien.[36] Selbstverständlich gehen mit unterschiedlichen Bedingungen, Betriebsgrößen und -typen (siehe Tabelle 1, 2 und Anhang I) auch ein veränderter Milchpreis einher.

Käsereien: Ø verkäste Milch (t/Jahr)	
Ebene	Berge
> 2000	1000-2000
nur 3 % > 3000	

Tabelle 1 Ø verkäste Milch

Milchwirtschaft: Ø Betriebsgröße	
Ebene	Berge
266 t Milch/Jahr	130 t Milch/Jahr
Ø 40 Milchkühe	Ø 25 Milchkühe

Tabelle 2 Ø Betriebsgröße

Es lassen sich vier verschiedene Farmtypen unterscheiden (siehe Anhang I). Interessant ist hier mitunter die Loyalität der Bauern zum System trotz Preisschwankungen: Ausgeprägt ist diese vor allem bei den kleinen Betrieben vom Typ 3 und 4, deren Besitzer eher ihre Produktion gänzlich einstellen würden, als für andere Abnehmer zu produzieren. Typ 1 und 2 sind zwar zufrieden mit ihrem Dasein, würden jedoch im Notfall den Abnehmer wechseln. Gemeinsam ist allen Milchbetrieben des P.R.-Systems ein gewisser Stolz auf ihre Außergewöhnlichkeit.

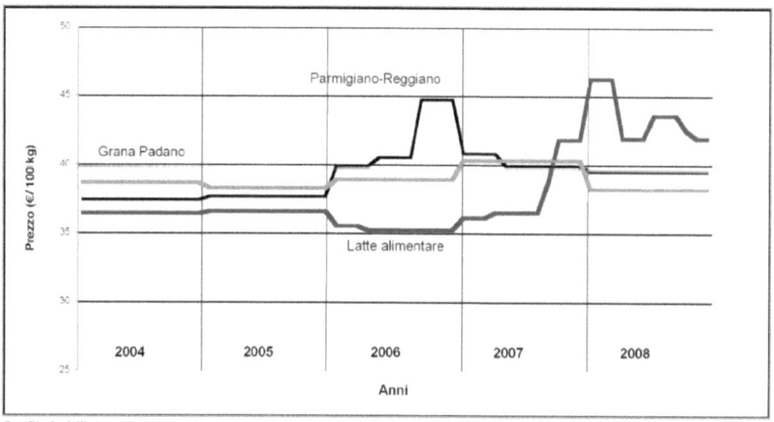

Grafik 3: Milchpreisentwicklung von Parmigiano Reggiano, Grana Padano und Industriemilch im Vergleich 2004 - 2008

Einen Sonderfall stellen die Produzenten der Bergregionen dar: Hier dominieren kleine Familienbetriebe (Ø 20 Kühe, Ø 7000 kg Milch/ Kuh/Jahr). Die Treue zum System ist unübertroffen. Hauptsorge ist die Qualität der Milch und des Käses, nicht die Steigerung des eigenen Einkommens. Zusätzlich stellt man fest, dass es allgemein immer weniger Milchbetriebe gibt (siehe Anhang II); zum Ausgleich nimmt die Durchschnittsgröße zu.[37]
Die potentiellen Schwankungen und die aktuelle Entwicklung des P.R.-Milchpreises im Vergleich zu Industriemilch bzw. Milch für die Produktion von Grana Padano zeigen die Grafiken 3 und Anhang III. Die Preisunterschiede ergeben sich vor allem durch die

[36] vgl. DE ROEST, K. (2000), S.89
[37] vgl. C.R.P.A. S.P.A. REGGIO EMILIA (2009 a), S.1

Futterkosten und die Arbeitsintensität, aber auch durch divergierende Produktivitätsraten pro Kuh (siehe Tabelle 3).

Indikatoren	Abnehmer	
	Parmigiano Reggiano	Grana Padano/ Industrie
Ø kg Milch/Kuh/Jahr	7100	8700
Arbeitsstunden/kg Milch	85	115

Tabelle 3 Milchpreisfaktoren

2.2.3 Die Herstellung von Parmigiano Reggiano

Im Fall des eigentlichen Herstellungsprozesses des Hartkäses kann man tatsächlich von Handwerkskunst sprechen. Denn die im festgelegten Ursprungsgebiet gemäß den oben erläuterten Regularien hergestellte Milch wird nun von Hand weiterverarbeitet. Hier kommt die zentrale Rolle des Käsers zum Tragen, auf die unter Punkt 2.2.4 noch einmal gesondert eingegangen wird. Die Milch wird roh, d.h. ohne vorheriges Erhitzen, verarbeitet, sodass Parmigiano Reggiano als reines Naturprodukt entsteht. Und das, obwohl frische Milch ein extrem komplexes und empfindliches Ausgangsmaterial darstellt.[38]

Für die Herstellung wird immer die Milch aus zwei Melkgängen verwandt: die am Vorabend und die morgendlich abgeholte Milch. Die einzige Behandlung der Milch, bevor die Verarbeitung beginnt, ist eine ganz simple Filterung, um eventuell enthaltene verschmutzende Feststoffe zu entfernen. Die Milch des vorherigen Tages wird jeweils über Nacht in breiten Wannen gelagert, um einen natürlichen Entrahmungsprozess zu ermöglichen; der abgesetzte Rahm wird morgens abgeschöpft und an Butterhersteller weiterverkauft. Die Lagerung der Milch über 12 Stunden hat mehrere Ziele: die Teilentrahmung, die Reduzierung von Mikrobakterien (sie werden mit dem Rahm abgeschöpft) und eine erste Reifung der Milch, bei der Teile der Laktose schon in Laktosesäure umgewandelt werden.[39] Die so vorbereitete Milch wird nun mit der morgendlichen Vollmilch in traditionellen zylindrischen Kupferkesseln vermengt. Aus der Milchmischung ergibt sich am Ende ein sogenannter halbfetter Käse. Die Kessel sind leicht im Boden versenkt und doppelwandig. So kann die Milch ganz einfach durch eingeleiteten Dampf gekocht werden. Sie haben ein Fassungsvermögen von 1200 Litern; das entspricht der Menge an Milch von 50 Kühen mit einer ungefähren Milchleistung von 25 l/Tag.[40]

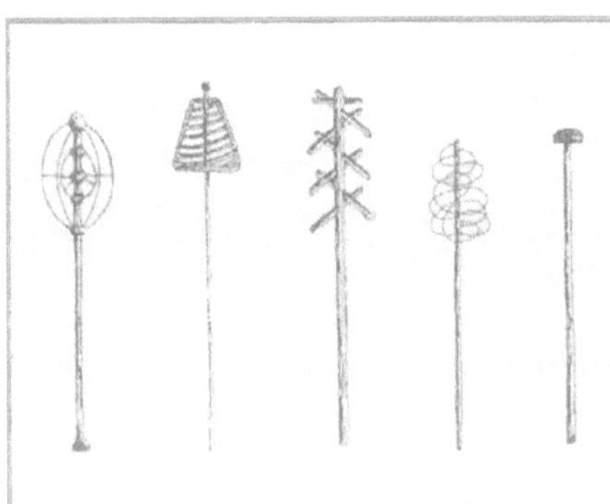

Abbildung 1 „Spino-Notari"

[38] vgl. DE ROEST, K. (2000), S.38
[39] vgl. DE ROEST, K. (2000), S.40f.
[40] pro Käserei durchschnittlich 4-6 Kessel → 4800 – 7200 l Milch pro Produktionsgang

Seit Anfang des 20. Jahrhunderts (vgl. 2.1) ist der erste Arbeitsschritt des Käsers das Hinzufügen des Säureweckers, der völlig natürlich jeweils aus der Restmolke der Käseverarbeitung des Vortages gewonnen wird; die Menge muss dabei stets neu bestimmt werden, um sie der täglich wechselnden Milchzusammensetzung anzupassen.[41] Ziel ist eine bessere Regulierbarkeit der Säure der Milch, die wiederum eine bessere Gerinnung und Gärung bewirkt.[42]Nun wird die Milchmischung in den Kesseln auf 30-35 °C erwärmt; der Käser entscheidet, wann die richtige Temperatur erreicht ist. Ist es so weit, wird natürliches enzymreiches Kalbslab zugesetzt: die Enzyme setzen die Umwandlung der Proteine in Gang, sodass die Milch nach etwa 12-15 Minuten gerinnt ohne zu säuern. Auch hier bestimmt der Käser die benötigte Menge jeden Tag aufs Neue, wobei er sich immer auf seine Erfahrung verlassen muss.[43] Die nun dickgelegte (=geronnene) Milchmasse wird im Folgenden mit Hilfe eines traditionellen Werkzeugs zerteilt. Das „spino" – „lo spino" (dt. Dorn) – oder „Spino-Notari" (Erfinder ist ebenfalls *G. Notari*, vgl. 2.1) erinnert an einen Schneebesen; an einem Stock sind besondere Stahlklingen angebracht, mit denen der Bruch geschnitten werden kann ohne zu brechen (siehe Abbildung 1). Durch den Vorgang der „spinatura" wird die teigige Masse so weit zerkleinert, bis man etwa weizenkorngroße Bruchstücke erhält, die einen kompakten Teig bilden.[44] Zuletzt wird die Masse unter Rühren bis auf 55 °C erhitzt. Diese Temperierung dient dazu, verschiedene Milchsäurebakterien zu aktivieren, die die Laktose abbauen und den unverdaulichen Milchzucker in gut verträgliche Milchsäure umwandeln. Der hier einsetzende Gärungsprozess setzt sich über die gesamte Reifezeit hinweg fort. Nachdem der Käser zu einem wiederum von ihm bestimmten Zeitpunkt – richtige Färbung und Konsistenz der unfertigen Käsemasse sind ausschlaggebend – die Wärmezufuhr stoppt, setzen die Bruchkörner sich als homogene Masse auf dem Kesselboden ab.[45]

Bild 1 Zwillingslaibe kurz nach der Trennung

Nach circa einer Stunde kann der Käser mit seinem Assistenten die Masse mit Hilfe eines Leinentuchs aus dem Kessel heben und sie in die sogenannten Zwillingslaibe (à 40 kg) zerteilen. Folglich entstehen aus jedem Kessel immer zwei Laibe Parmigiano Reggiano (siehe Bild 1). Jeweils in ein Leinentuch gewickelt legt man die Käselaibe in eine runde Form –

[41] vgl. DE ROEST, K. (2000), S.41f.
[42] vgl. BARTOLINI, L. (2006), S.64
[43] vgl. BARTOLINI, L. (2006), S.65 und CONSORZIO DEL FORMAGGIO PARMIGIANO-REGGIANO (2008 a)
[44] vgl. BARTOLINI, L. (2006), S.65f. und CONSORZIO DEL FORMAGGIO PARMIGIANO-REGGIANO (2008 a)
[45] vgl. BARTOLINI, L. (2006), S.67f. und CONSORZIO DEL FORMAGGIO PARMIGIANO-REGGIANO (2008 a)

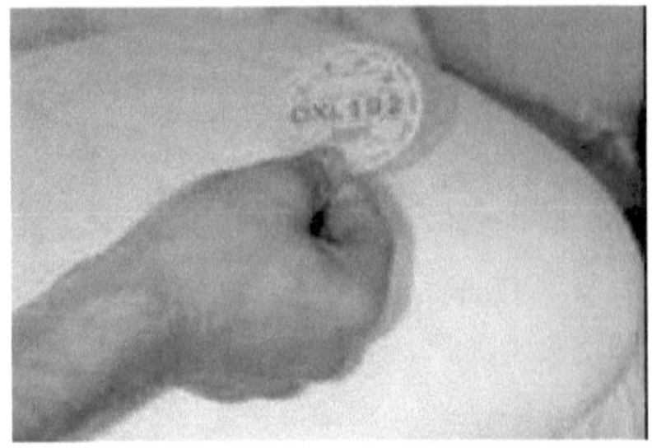
Bild 2 Anbringen der Kasein-Plakette

genannt „la fascera“ – und beschwert sie mit einem Brett, um das Austreten der Molke zu begünstigen; hierbei wird eine Kasein-Plakette mit aufsteigendem alphanumerischen Code angebracht (siehe Bild 2), die später, ähnlich einem Ausweisdokument, zur Identifizierung des Produkts dient.[46]
Am Abend desselben Tages wird dem Käse eine spezielle Kunststoff-Matrize aufgezogen, wodurch die weiteren Ursprungsmarkierungen auf der gesamten Fläche der frisch gebildeten Rinde eingeprägt werden: der charakteristische, in Punkten gesetzte „Parmigiano Reggiano“-Schriftzug, die Registriernummer der Käserei sowie Herstellungsmonat und -jahr. So lagert der Käse die folgenden zwei bis vier Tage; in dieser Zeit scheidet er in Form von Molke bereits einiges an Flüssigkeit aus.[47]
Nach den Tagen der Lagerung in der Form beginnt der Salzungsprozess: Zwischen 20 und 25 Tage lang werden die Laibe in eine zwanzigprozentige Kochsalz-Lake eingelegt und regelmäßig gewendet. Zweck der Salzung ist neben dem weiteren Flüssigkeitsentzug die Kontrolle der Bakterien, die die Reifung des Käses beeinflussen, sowie Haltbarmachung und Beeinflussung von Konsistenz und Geschmack.[48] Temperatur, Konsistenz, Geruch und Schweißbildung ändern sich je nach Jahreszeit und müssen deshalb täglich vom Käser überprüft werden, da er die Entscheidung trifft, wann der Laib zur Reifung in die Lagerräume gebracht wird.[49]

Bild 3 Parmigiano Reggiano Laibe im Salzbad

Mit diesem Vorgang ist der eigentliche Herstellungsprozess abgeschlossen; demzufolge sind tatsächlich nur drei Zutaten Bestandteil von Parmigiano Reggiano: Milch, Lab und Salz (siehe Anhang IV).
Direkt an das Salzbad schließt sich die mindestens ein Jahr dauernde Reifezeit an (vgl. 2.2.5).[50]

2.2.4 Die Rolle des Käsers

Die Rolle des *Parmigiano-Reggiano*-Käsers ist eine ganz besondere. Ein P.R.-Käser überwacht nicht nur einfach den Produktions- und Reifeprozess des Käses, er selbst – oder besser gesagt sein persönlicher Fähigkeitsgrad – nimmt entscheidenden Einfluss auf die

[46] vgl. CONSORZIO DEL FORMAGGIO PARMIGIANO-REGGIANO (2008 a)
[47] vgl. CONSORZIO DEL FORMAGGIO PARMIGIANO-REGGIANO (2008 a)
[48] vgl. HALLER-ZINGERLING, C.; HOFMANN, S. (2009), S.90
[49] vgl. BARTOLINI, L. (2006), S.70
[50] vgl. CONSORZIO DEL FORMAGGIO PARMIGIANO-REGGIANO (2008 a)

Qualität des Parmesans. Auch ist es in erster Linie der Käser, der die Herstellung von Parmigiano Reggiano zur Handwerkskunst macht.[51]

Eine Ausbildung zum P.R.-Käser erfolgt rein traditionell: sieben bis neun Jahre lang begleitet der Lehrling einen bereits erfahrenen Käser und lernt so alles über den Herstellungsprozess; das sind etwa fünf Jahre mehr, als eine normale Ausbildung zum Käser dauert. Auch beinhaltet die Ausbildung keinen Schulbesuch. Nur das Wissen und die Erfahrung des lehrenden Käsers werden weitergegeben. Die Ausbildungsphase erscheint vor allem dann lang, wenn man weiß, dass ein P.R.-Käser im Durchschnitt zwischen 18 und 28 Jahre (inklusive Ausbildung) aktiv tätig ist (siehe Anhang V).[52] Aber die Dauer der Ausbildung lässt auch den hohen Schwierigkeitsgrad erkennen, der mit dem Beruf verbunden ist. Die Handwerkskunst des Käsers zeigt sich in seiner Fähigkeit den täglichen Qualitätsschwankungen der Milch erfolgreich zu begegnen; denn die Qualität[53] der Milch ist immer anders, je nach Produktionsgebiet, je nach Produzent, von Jahreszeit zu Jahreszeit und von Tag zu Tag. Milch ist ja ein lebendiges Produkt. Sie enthält Millionen von Mikroorganismen, die wiederum mit dem Fett-, Kasein- und Laktosegehalt der Milch zusammenhängen. Stündlich ändert sich deshalb der Fermentationszustand der Milch. Diese Vorgänge muss der Käser bei allen Arbeitsschritten stets beachten: er legt fest, wie lange die Milch bei welcher Temperatur zum Entrahmen gelagert wird, wann genau der Milch im Kochkessel welche Menge an Molke und Lab zugefügt wird und wann die geronnene Käsemasse die Idealtemperatur und -körnung erreicht hat. Bei all diesen elementaren Entscheidungen muss sich der Käser jeden Tag aufs Neue auf seine Erfahrung verlassen; er ist die Schlüsselfigur die Qualität des Käses betreffend.[54] Diese Schlüsselposition des Käsers ist gleichzeitig auch beschränkender Faktor für die P.R.-Herstellung. Eine Käserei kann nur so viel Milch zu Käse verarbeiten, wie der Käser gleichzeitig zu kontrollieren in der Lage ist. Dadurch ergibt sich eine natürliche Grenze für die Produktionsmenge. Ziel war und ist es deshalb von jeher, die Produktivität des Käsers zu steigern, beispielsweise mit Hilfe von Thermometern (als technische Unterstützung) oder indem man ihm einen Assistenten (in der Regel ein angehender Käser) zur Seite stellt. Jedoch wird bei Genehmigung technischer Hilfsmittel stets die Auswirkung auf die Qualität des Käses überprüft (vgl. 2.2.3); denn diese hat oberste Priorität![55] Unter den gegebenen Voraussetzungen ist die fortwährende Angst vor der Industrialisierung der P.R.-Produktion unbegründet, weil sie einfach viel zu komplex ist. Zu viele der Arbeitsschritte sind nicht technisierbar, da echte Handarbeit, beruhend auf Erfahrungswerten und Augenmaß, nötig ist.[56]

[51] vgl. DE ROEST, K. (2000), S.38
[52] vgl. DE ROEST, K. (2000), S.186f.
[53] Qualität meint hier die Zusammensetzung, nicht Qualität im Sinn von gut oder schlecht
[54] vgl. DE ROEST, K. (2000), S.44
[55] vgl. DE ROEST, K. (2000), S.152/156
[56] vgl. DE ROEST, K. (2000), S.153

Tatsächlich werden traditionell an besonders wohlverdiente Käser Medaillen und der sogenannte „Spino d'oro" an die besten Nachwuchskäser verliehen.[57]
Zuletzt soll noch angemerkt werden, dass sich der Tätigkeitsbereich des Käsers nicht allein auf die Käserei beschränkt. Zu seinen Aufgaben zählt auch, den Milchbauern korrigierende Anweisungen zu geben, sollte die Milchqualität einmal nachlassen. Auch hierin zeigt sich die wichtige Stellung des Käsers und die bis heute funktionierende traditionelle Wirkungsweise des Systems: Anweisungen eines Betriebsaußenstehenden haben Gewicht, da sonst die Qualität des gemeinsamen Endprodukts und Aushängeschilds gefährdet ist.

2.2.5 Reifung und Vermarktung

Die ersten sechs bis sieben Monate der gesamten Reifezeit lagern die Käselaibe – in deckenhohen Holzregalreihen liegend – in der Regel in den hauseigenen Lagerräumen der Käserei. Immer wieder werden sie gewendet, gebürstet und geprüft. Dies geschieht im Großteil der Käsereien bis heute von Hand und ist somit sehr aufwändig und zeitintensiv. Während der Reifezeit leisten die natürlich in der Milch vorhandenen Bakterien ihren Beitrag: langsam bauen sie Eiweiß, Fett und Laktose ab, sodass der Käse zuletzt aus besonders leicht verdaulichen Substanzen besteht.[58]
Nach dieser ersten Reifephase verlassen etwa 90 % der Käselaibe die Käserei und werden in spezielle Ausreifungslager gebracht. Ab diesem Zeitpunkt haben die Käsereien keinen Einfluss mehr auf den weiteren Weg ihres Produktes. Die letzte Phase der Entstehung bis zur Vermarktung liegt schon seit langer Zeit nicht mehr in den Händen der Käsereien. Diese Aufgabe übernahmen Anfang des 20. Jahrhunderts spezielle Zwischenhändler, als die Käsereien aus Kapital- und Platzmangel die Reifung nicht mehr selbst bewältigen konnten.[59] Es gibt zwei Typen dieser speziellen „Reifungsfirmen": zum einen existieren wirklich reine Reifungsfirmen, die den unfertigen Parmesan aufkaufen und das volle Risiko für die Ausreifung übernehmen; und zum anderen gibt es Firmen, die gegen Bezahlung nur Reifungsräumlichkeiten für andere (z.B. Händler) zur Verfügung stellen, ohne ein Risiko zu tragen. Zu einem großen Teil vermarkten diese Zwischenhändler nicht nur Parmesan,

Bild 4 Typisches P.R.-Reifungslager

[57] vgl. UNA FESTA DEDICATA AL PARMIGIANO (2009)
[58] Die leichte Verdaulichkeit macht Parmigiano Reggiano besonders empfehlenswert für Kinder während der Wachstumsperiode, für Alte und Kranke sowie für Leistungssportler.
vgl. BARTOLINI, L. (2006), S.71
[59] vgl. DE ROEST, K. (2000), S.28

sondern auch andere Käse. Reine P.R.-Reifungsfirmen sind extrem rar und in der Regel sehr klein.[60] Die Betriebe übernehmen also den gut ein halbes Jahr alten Käse für etwa zwei weitere Jahre der Reifung bzw. des Affinierens[61]; denn auch in den Speziallagern werden die Laibe aufopferungsvoll gepflegt: In regelmäßigen Abständen von zwei bis drei Tagen wird jeder Laib gewendet und gebürstet. In den riesigen Lagerhallen geschieht dies heute allerdings in der Regel mit Hilfe von eigens konstruierten Robotern.[62]

Rein menschlich ist jedoch immer noch die Überprüfung durch Experten, die mithilfe eines Hämmerchens, einer Schraubnadel und Sonde fortlaufend den Zustand des Käses im Auge behalten. Denn Voraussetzung für die explizite Freigabe zum Verkauf jedes einzelnen Käselaibes sind nicht nur Geschmack und Konsistenz, sondern auch der richtige Klang und das Aroma.[63]Die Freigabe ist allein dem Consorzio vorbehalten (vgl. 2.3.3).

Die lange Reifezeit ist eines der entscheidenden und typischen Merkmale von P.R.; allein durch diese kann er seinen ungewöhnlich hohen Nährwert erreichen. Im Verlauf der Reifung werden von den in der Milch enthaltenen Bakterien Enzyme freigesetzt, die die nötigen biochemischen Prozesse einleiten, um den Protein- und Fettgehalt des Hartkäses zu verändern. Die vorhandenen Proteine werden durch die Proteolyse in kleinere Proteinmoleküle und freie Aminosäuren umgewandelt. Diese machen zuletzt 23 % des Käses aus. Die molekülverändernden Prozesse tragen maßgeblich zum letztendlichen organoleptischen[64] Profil von P.R. bei und machen ihn so gut verdaulich.[65]

Wenn man dies weiß, kann man sich auch besser erklären, warum bei der Vermarktung eine spezielle Auszeichnung der Reifedauer vorgenommen wird. Es gibt drei Reifesiegel, die unterschiedliche Reifungszeiten anzeigen: das hummerrote Siegel, das silberne und das goldene. Wobei ersteres einen Käse der Mindestreifezeit von 18 Monaten auszeichnet. Der Käse hat dann eine eher kräftige, milchige Grundnote, begleitet von pflanzlichen Noten wie beispielsweise Kräutern. Das silberne Siegel zeigt an, dass der Käse über mindestens 22 Monate reifen konnte, um stärker akzentuierte Aromen und Ansätze geschmolzener Butter beim Verzehr erkennen zu lassen. Das goldene Siegel schließlich entspricht einer Reifezeit von über 30 Monaten. Solcher Parmesan ist wesentlich weniger wasserhaltig und daher nährstoffreicher, trockener und brüchig-körniger in seiner Konsistenz. Der Geschmack ist dann besonders vollmundig.[66] Darüber hinaus ist P. R. der einzige Käse, der eine Jahrgangsprägung hat, wie es ansonsten nur bei Wein üblich ist (siehe Anhang VII).

---

[60] vgl. DE ROEST, K. (2000), S.94/196
[61] Fachbegriff für die Pflege der Käselaibe bis zum optimalen Reifegrad; vgl. HALLER-ZINGERLING, C.; HOFMANN, S. (2009), S.216
[62] vgl. BARTOLINI, L. (2006), S.71f. und DE ROEST, K. (2000), S.196
[63] vgl. BARTOLINI, L. (2006), S.71f.
[64] organoleptisch = Sinne und Organe berührend, fassbar, begreiflich
[65] vgl. CONSORZIO DEL FORMAGGIO PARMIGIANO-REGGIANO (2008 c)
[66] vgl. CONSORZIO DEL FORMAGGIO PARMIGIANO-REGGIANO (2008 b)

Die Reifung und Vermarktung übernehmen also andere als die Hersteller; in der Regel wissen diese deshalb auch nicht, wer den Endvertrieb des Käses übernimmt.[67] Die traditionelle Art der Käseherstellung steht nämlich hochmodernen Vermarktungsstrukturen gegenüber. Nur 10 % des Käses verbleiben durchschnittlich bis zum Verkauf bei den Käsereien. Diese verkaufen davon 3,4 % an Zwischenhändler, 5,9 % an Großmärkte und 2,1 % direkt an den Endverbraucher. Nur die integrierten Käsereien zeigen hier deutliche Abweichungen: Sie verkaufen selbst knapp 19 % ihres Käses. Dennoch gehen immer noch 70 % des Restes an Großhändler. Normalerweise hat jede Käserei (egal wie groß sie ist) nur einen, maximal zwei Abnehmer für ihre Produktion. Üblicherweise über viele Jahre hinweg denselben. Es kommt zum Aufbau eines Vertrauensverhältnisses, sodass die Produzenten in der Regel eine starke Verhandlungsposition zugunsten von (Abnahme-) Sicherheit aufgeben.[68]

Auch ist zu beachten, dass der Bereich der Vermarktung wesentlich offener für technische Innovation ist. So begann man Anfang der 1990er Jahre vorportionierten und vakuumierten Käse zu vertreiben; zunächst als 1 kg-Portionen, dann – mit steigender Zahl der Zwei-Personen-Haushalte – als 300-400 g-Portionen. Schon 1995 hatte diese abgepackte Variante dann über 20 % Anteil am Verkauf. Jedoch werden bis heute maximal 5 % der Produktion in geriebener Form vermarktet. Zu stark sinkt sonst das Qualitätsvertrauen der Verbraucher.[69] Grafik 4 zeigt die Entwicklung der Verkaufsmodalitäten von 1992 bis 1995. Allgemein lässt sich festhalten, dass mit zunehmender Vermarktung in Form von vorportionierten Stücken und im Zuge der Globalisierung der Verkauf zunehmend über normale Supermärkte geschieht.

Mit zunehmender Wichtigkeit des Internets hat – vor allem im letzten Jahrzehnt – die Onlinevermarktung eine Rolle zu spielen begonnen; insbesondere da sie entfernte Verwandtschaft zur ehemals traditionellen Direktvermarktung durch die Käsereien aufweist. Über das Internet ist es möglich quasi

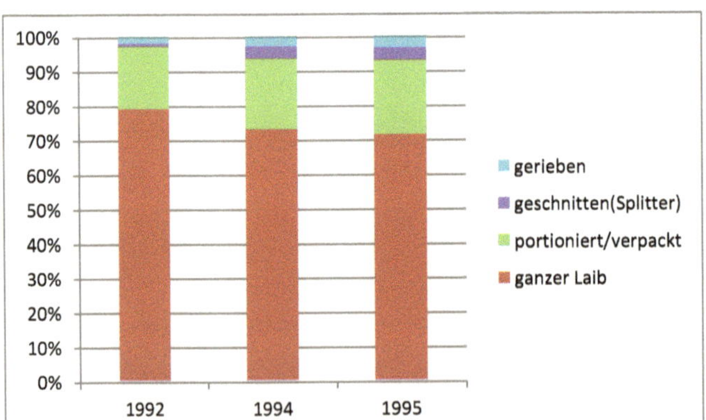

Grafik 4 Prozentuale Entwicklung der unterschiedlichen Verkaufsformen von Parmigiano Reggiano 1992-1994

[67] vgl. DE ROEST, K. (2000), S.181
[68] vgl. DE ROEST, K. (2000), S.185f.
[69] vgl. DE ROEST, K. (2000), S.198

Bild 5 Parmigiano Reggiano

direkt an den Endverbraucher zu verkaufen; dies allerdings auf internationalem Niveau. Das gibt den Käsereien die Chance, wieder selbst mehr Kontrolle über den Vertrieb auszuüben, anstatt dies allein anderen überlassen zu müssen.

Eine gewisse Lenkung der Vermarktung können die Hersteller in jedem Fall indirekt ausüben, nämlich über das Consorzio (siehe 2.3.3). Diesem obliegt unter anderem die Förderung des Konsums durch Marketing sowie kommerzielle Initiativen das Image und die Bekanntheit des traditionellen Hartkäses betreffend. So hat sich im Lauf der Zeit die Werbepolitik natürlich geändert: Zunächst versuchte der Dachverband vornehmlich das Produkt zu schützen. Mit zunehmender Konkurrenz und als Reaktion auf Konsumrückgang änderte man die Strategie: Anstatt Aufklärung betrieb man jetzt gezielt Werbung. 1965 lief der erste TV-Werbespot für Parmesan, 1984 verdoppelte man den Werbeetat und begann auch in Schulen und Supermärkten zu werben; u.a. bemühte man sich darum, neue Essweisen – neben der traditionell geriebenen Form – einzuführen. Beispielsweise Parmesan-Stückchen zum Aperitif. Ende der 1980er Jahre wurde der Etats nochmals erhöht, um der aufkommenden Preiskrise (wegen Überproduktion) entgegenzuwirken; neben TV-Spots warb man jetzt auch in Zeitungen, auf der Straße und mittels Sponsoring von Sportevents. Konsumverhaltensanalysen wurden durchgeführt, um gezielte Verkaufsstrategien entwickeln zu können. Neben der insgesamt aggressiveren Vermarktungsstrategie forcierte man besonders eine Steigerung der Exportquoten.[70]

2.2.6 Typizität von Parmigiano Reggiano

Prägendster Faktor für die Typizität von P.R. ist seine lange Reifezeit sowie seine traditionelle Herstellung. Dank der Verwendung von ausschließlich lokal und nach strengen Vorschriften produzierter Milch können P.R.-Käsereien auf die Kühlung der Milch verzichten. So bleibt sie in ihrer ganzen Natürlichkeit erhalten und unverändert. Auch während des gesamten Verarbeitungsvorgangs verzichtet man auf die Zugabe von jeglichen Zusätzen oder Konservierungsstoffen. Deshalb können die natürlich in der Milch vorhandenen Bakterien ungehindert Gärprozesse und Enzymreaktionen initiieren. Diese Vorgänge sind die Voraussetzung für das typische Aroma und die Geschmacksmerkmale, die P.R. einzigartig machen.[71]

Sein organoleptisches Profil spricht tatsächlich alle unsere Sinne voll an: Seine Farbe ist von einem satten Strohgelb. Seine Konsistenz – also das Verhalten des Teiges unter

[70] vgl. DE ROEST, K. (2000), S.118f.
[71] vgl. CONSORZIO DEL FORMAGGIO PARMIGIANO-REGGIANO (2008 c)

verschiedenen Belastungsbedingungen (durch Fingerdruck oder beim Kauen) – umfasst eine bemerkenswert große Bandbreite, die von Elastizität über Härte, Brüchigkeit, Klebrigkeit und Löslichkeit bis hin zu Körnigkeit reicht und sich je nach Reifegrad verändert. Beinahe ebenso nuancenreich präsentiert sich sein ebenfalls reifegradabhängiges Aroma; hier reicht die Palette von milchig (Milch, Joghurt, Butter ...), über tierisch (Fleischbrühe, Suppenwürfel ...) und pflanzlich (gekochtes Gemüse, frisches Obst, Trockenobst, Heu ...) bis hin zu würzig (Muskatnuss ...). Selbstverständlich darf bei all diesen Eindrücken nicht der Geschmack des berühmten Käses vergessen werden. Er ist ebenso süß wie salzig; wobei sich dieses Gleichgewicht ebenfalls je nach Alter, aber vor allem auch je nach der individuellen handwerklichen Prägung durch den Käser verändern kann.[72]

Abgesehen von dieser sehr speziellen organoleptischen Struktur sind auch die im Parmesan enthaltenen Nährwerte interessant. 24 Monate alter P.R. besteht etwa zu 33 % aus Proteinen, zu knapp 28 % aus Fetten[73] und nur zu 30 % aus Wasser; daher liegt eine überdurchschnittlich hohe Energie- und Nährstoffkonzentration vor. Besonders erwähnenswert ist hier die Komposition des (hohen) Eiweißgehalts: Es besteht circa ein 30-prozentiger Anteil an Proteinen, die dank der Enzymtätigkeit während der langen Reifung teilweise quasi schon „vorverdaut" sind. Ebenso trägt die große Menge an freien Aminosäuren (23 %) zur guten Verdaulichkeit bei.

Bezeichnend ist mit Sicherheit auch, dass P.R. wegen des enthaltenen gut aufnehmbaren Kalziums sogar für Weltraummissionen eine Rolle spielt. Trotz der außergewöhnlichen Umstände bleibt P.R. unverändert und ist so ideal, um drohenden Knochenkalziumverlusten entgegenzuwirken.

Schon 100 g P.R. decken 85 % des täglichen Phosphorbedarfs sowie den gesamten Tagesbedarf an Kalzium und Vitamin B.

Zuletzt erscheint noch interessant, dass der Hartkäse keinerlei Zucker enthält. Sowohl Laktose als auch Galaktose werden innerhalb von maximal 48 Stunden durch die vorhandenen Milchbakterien vollständig metabolisiert.[74]

Typisch für den echten Parmigiano Reggiano ist vor allem auch seine enge Verbindung zur Herstellungsregion. Dank der strengen Auflagen des *Consorzio* ist sichergestellt, dass die Milch, die zu P.R. verarbeitet wird, aus der per Definition abgegrenzten Region stammt. Auch das Futter, das den Milchkühen gegeben wird, muss aus der Ursprungsregion stammen. Nur die dort wachsenden Gräser und Kräuter prägen so den Geschmack der Milch bzw. des Käses. Wie oben beschrieben, finden sich später genau diese regional spezifischen Aromen darin wieder. Eine Übertragung der Produktionsmethoden in eine

[72] vgl. CONSORZIO DEL FORMAGGIO PARMIGIANO-REGGIANO (2008 e)
[73] vornehmlich kurzkettige Lipide, die umgehend verfügbare Energie liefern
[74] vgl. CONSORZIO DEL FORMAGGIO PARMIGIANO-REGGIANO (2008 f)

andere Region mag also möglich sein; niemals jedoch kann der Geschmack von echtem *Parmigiano Reggiano* anderswo erreicht werden, da die Milch nicht die explizit selbe Zusammensetzung hat wie im Ursprungsgebiet des Hartkäses.

Inwiefern sich solche Unterschiede sogar wissenschaftlich nachweisen lassen, zeigt die im Folgenden erläuterte Studie aus dem Jahr 2008: Man untersuchte Kriterien zur Unterscheidung von echtem *Parmigiano Reggiano* von Käsen aus der warenkundlich selben Kategorie. Zu diesem Zweck bestimmte und verglich man den löslichen Stickstoffgehalt, das Vorhandensein von künstlich zugesetzten Lysozymen[75] sowie den alkalischen Phosphatgehalt in den untersuchten Käsen. Die Ergebnisse der Untersuchung zeigt Tabelle 4. Der Stickstoffgehalt von originalem P.R. liegt mit 9,4 eher hoch im Vergleich zu den meisten untersuchten Käsen. Ebenso fällt auf, in wie wenigen Fällen das künstliche Zusetzen von Lysozymen unterlassen wurde; nur ein negatives Ergebnis dieser Untersuchung ließe auf eine natürliche Verkäsung der Milch schließen, wie sie für P.R. typisch ist. Bemerkenswert ist ebenso der vergleichsweise niedrige Anteil an alkalischem Phosphat, den P.R. trotz rein natürlicher Verkäsung aufweist. Dies ist der Grund für die oben erwähnte gute Aufnehmbarkeit des Kalziums aus P.R. Denn hohe Phosphatwerte

	CAMPIONI			AZOTO SOLUBILE	LISOZIMA AGGIUNTO	FOSFATASI ALCALINA
	Denominazione di vendita	paese origine	Tipologia	ml di NaOH N/4	presenza dell'alone di lisi	µg di fenolo/g
a	formaggio da grattugia	IT	porzionato	**7,1**	**positiva**	**0,0**
b	Formaggio Piemonte	IT	porzionato	**6,5**	**positiva**	18,6
c	Goya	LT	porzionato	**4,3**	negativa	**0,0**
d	Monterigo	LT	porzionato	**4,2**	negativa	**0,0**
e	Parmesan Padano	IT	porzionato	9,4	**positiva**	35,2[s]
f	Grana Padano	IT	porzionato	9,6	**positiva**	49,9[s]
g	Gran Moravia	CZ	porzionato	10,4	**positiva**	23,0
h	Formaggio duro da grattugia	IT	porzionato	9,9	**positiva**	22,4
i	Formaggio stagionato	IT	porzionato	**7,4**	negativa	**7,8**
l	Parmesan	IT	porzionato	**6,7**	**positiva**	114[s]
m	Parmezan	HR	grattugiato	**5,5**	**positiva**	**1,8**
n	Formaggio da tavola	IT	grattugiato	**7,0**	**positiva**	**0,0**
o	formaggio grattugiato	ES	grattugiato	**2,2**	negativa	**0,6**
p	preparazione formaggera	NL	grattugiato	**4,5**	**positiva**	15,5
q	Parmigiano-Reggiano	IT	grattugiato	9,4	negativa	36,7

[s] analisi eseguita su una porzione di sottocrosta; negli altri casi l'analisi è stata eseguita su un campione medio.

Tabelle 4 Studie über nachweisbare Inhaltsstoffe (2008)

[75] Enzyme zur Eiweißspaltung

führen zur Bindung des vorhandenen Kalziums und verhindern so dessen Aufnahme beim Verzehr. Der niedrige Wert bei P.R. ist in erster Linie auf die lange Reifezeit zurückzuführen, da diese die nötige Zeit gibt, um den Phosphatgehalt nennenswert zu senken, ohne künstlich einzugreifen. Die wenigen angezeigten Nullwerte bei dieser Untersuchung sind dadurch zu erklären, dass pasteurisierte, nicht rohe Milch bei der Käseherstellung verwendet wurde.
Die gesamte Analyse lässt also bei den untersuchten Hartkäsen eine nicht natürliche Verkäsung sowie eine stark verkürzte Reifungsdauer vermuten. Obwohl manche Einzelwerte denen von P.R. ähnlich sind, gibt es doch keinen Käse, der bei allen drei Parametern denen des Originals entsprechen würde. Daraus ergibt sich also, dass gerade die Kombination aus langer Reifedauer, dem Verzicht auf irgendwelche Zusätze und der Verwendung von roher Milch die typischen und unnachahmlichen Charakterzüge von Parmigiano Reggiano bedingen.[76]

2.3 Parmigiano Reggiano als geschützte Ursprungsbezeichnung

Parmigiano Reggiano ist nicht nur der Name des Hartkäses; gesetzlich festgelegt darf nur der wirklich originale Parmesan diesen Namen tragen. Wie genau die diesbezüglichen Regelungen aussehen, wird im Folgenden erläutert.

2.3.1 Begriffsdefinition „geschützte Ursprungsbezeichnung"

Zunächst ist es wichtig zu verstehen, was eine „geschützte Ursprungsbezeichnung" (g.U.) ist. Der Begriff „geschützte Ursprungsbezeichnung" meint, dass Erzeugung, Verarbeitung und Herstellung eines Produkts in einer bestimmten geographischen Region nach einem anerkannten und festgelegten Verfahren erfolgen. Selbstverständlich wird je nach Herkunftsland die entsprechende Übersetzung verwendet:

- englisch Protected Designation of Origin (PDO)
- französisch Appellation d'Origine Protégée (AOP)
- italienisch Denominazione d'Origine Protetta (DOP)
- spanisch Denominación de Origen Protegida (DOP)
- griechisch Προστατευόμενη ονομασία Προέλευσης (ΠΟΠ)

Dementsprechend findet man auf den Parmesan-Käselaiben die italienische DOP-Markierung (siehe Anhang VII).
Wichtig ist zusätzlich die Unterscheidung der drei verschiedenen EU-Gütezeichen, die für die Qualität hochwertiger landwirtschaftlicher Erzeugnisse und Lebensmittel bürgen und für deren angemessenen Schutz sorgen: g.U. (geschützte Ursprungsbezeichnung), g.g.A. (geschützte geografische Angabe) und g.t.S. (garantiert traditionelle Spezialität).
Anders als bei einer g.U. besteht bei einer g.g.A. lediglich eine enge Verbindung des landwirtschaftlichen Erzeugnisses oder Lebensmittels mit dem Herkunftsgebiet. Nur

[76] vgl. PANARI, G.; FILIPPI, S.; CAROLI, A.; PECORARI, A.; NOCETTI, M. (2008)

mindestens eine der Produktionsstufen – also entweder Erzeugung, Verarbeitung oder Herstellung – wird im Herkunftsgebiet durchlaufen.
Wohingegen die g.t.S. nur noch die traditionelle Zusammensetzung des Erzeugnisses oder ein traditionelles Herstellungs- und/oder Verarbeitungsverfahren garantiert. Hierbei besteht keinerlei Voraussetzung einer Bindung an ein bestimmtes Gebiet.[77]
Nachdem also bezüglich des Schutzcharakters der einzelnen Gütezeichen beträchtliche Unterschiede bestehen, sollte auf eine möglichst genaue Unterscheidung bei expliziter Nennung der EU-Gütezeichen geachtet werden. Genau zu diesem Zweck wurde im Jahr 2008 anstatt des bisher blau-gelben g.U.-Zeichens, das bis auf die Beschriftung identisch mit dem g.g.A.-Zeichen war, ein neues g.U.-Zeichen, mit rot-gelber Färbung, eingeführt; so kann der Verbraucher schnell und einfach den Unterschied erkennen. Denn das Gütezeichen soll nicht nur dem Schutz der Herstellungsmethoden dienen, sondern auch der Sicherung der Qualität für den Verbraucher.[78]

2.3.2 Gesetzlicher Schutz durch die EU

Wie kurz im Abschnitt über die Geschichte erwähnt, entbrannte der Streit um den Namen *Parmigiano Reggiano* schon sehr früh; damals jedoch beschränkt auf Norditalien. Heute, zu Zeiten der Globalisierung, müssen sich das Ursprungsgebiet und die Hersteller des berühmten Hartkäses gegenüber beinah der ganzen Welt absichern. Nicht lange nach Gründung der EG begann man sich der Problematik anzunehmen. 1968 wurde eine EG-Verordnung zur Regulierung des Milchmarktes erlassen, von der selbstverständlich auch die Käseherstellung Italiens betroffen war: Die Festlegung von Interventionspreisen sollte für die Bauern eine Milchpreisgarantie schaffen, eine Subventionierung der privaten Lagerung des Käses über mindestens 18 Monate sollte die Produktion allgemein unterstützen und spezielle Subventionen für den Export aus der EU (VO Nr. 1107/68) wurden eingerichtet. Nach 1968 gab es vorläufig keine weiteren Maßnahmen. Die mit VO Nr. 806/68 eingeführten Interventionspreise wurden allerdings als Folge des Käse-Preissturzes 1992/93 wegen Überproduktion 1994 wieder abgeschafft.[79] Im Jahr 1992 griff man mit der VO Nr. 2081/92 (vom 14.07.1992) erneut, aber auf andere Art und Weise ein; die Verordnung trat am 24.07. 1993 in Kraft. Vor diesen Bemühungen basierten Regelungen den Schutz von Ursprungsbezeichnungen und Ähnlichem betreffend ausschließlich auf staatlichen Gesetzen bzw. bilateralen Verträgen; somit war die Schutzwirkung nur sehr eingeschränkt gegeben. Die VO 2081/92 dient „dem gemeinschaftsrechtlichen Schutz u.a. gegen anlehnende Benutzung sowie gegen herkunftsbezogene irreführende Angaben und Praktiken“[80]. Durch zahlreiche

[77] vgl. EUROPÄISCHE KOMMISSION (2008)
[78] vgl. DIPARTIMENTO CONTROLLO QUALITÀ P.R. (2006 b)
[79] vgl. DE ROEST, K. (2000), S.128f.
[80] MEYER,A.H. (2003), S.554

anschließende Urteile des EuGH (z.B. dem *Montagne-*, dem *Gorgonzola/Cambozola-* oder den *Feta*-Urteilen) fand eine genaue Spezifizierung des Anwendungsbereichs bzw. der Auslegung der VO statt. Eigentliches Ziel der VO 2081/92 war die Neuorientierung der Agrarpolitik in Richtung einer Qualitätsförderung anstatt immer größerer Produktionsmengen. Es sollten bessere Absatzmöglichkeiten für landwirtschaftliche Produkte geschaffen und gleichzeitig die wachsenden Ansprüche der Verbraucher berücksichtigt werden. Jedoch stand dabei das Ziel der Diversifizierung der Agrarpolitik deutlich im Vordergrund. Tatsächlich stellt diese Form des Schutzes von Herkunftsangaben nämlich eine unumgängliche Einschränkung des Grundsatzes des freien Warenverkehrs dar; dies führte zum oben bereits genannten mehrfach nötigen Eingreifen des EuGH.[81]

In der Tat gibt es bezüglich der ebenfalls durch die VO 2081/92 geregelten Gattungsbezeichnung eine EuGH-Entscheidung speziell zum Fall der g.U. *Parmigiano Reggiano*: 2003 wurde Deutschland angeklagt nicht seiner Kontrollpflicht betreffend die geschützte Ursprungsbezeichnung *Parmigiano Reggiano* nachgekommen zu sein. Laut Anklage stelle die Verwendung des Begriffs „Parmesan" einen Verstoß gegen Art. 13 Abs. 1 Buchst. b der VO 2081/92 dar, da „Parmesan" die Übersetzung der g.U. *Parmigiano Reggiano* sei; die BRD sei verpflichtet gegen die fälschliche Verwendung der g.U. Maßnahmen zu ergreifen. Das Urteil des EuGH vom 26.02.2008 legte am Ende fest, dass das Verhalten der BRD als Verstoß gegen Gemeinschaftsrecht durch Unterlassung zu bewerten sei.[82] Jedoch wurde die Frage, ob es sich bei Parmesan lediglich um eine Gattungsbezeichnung handelt oder es die korrekte Übersetzung der g.U. *Parmigiano Reggiano* darstellt – also durch die VO 2081/92 geschützt ist – nicht geklärt, sodass der Streit zwischen dem *Consorzio Parmigiano Reggiano* und den deutschen und österreichischen „Parmesan-Herstellern" weiter aktuell bleibt.[83] Weitere Verhandlungen und Urteile sind zu erwarten.

[81] vgl. MEYER,A.H. (2003), S.555-559
[82] vgl. Marke – EuGH – Urt. vom 26.02.2008, C-132/05 – Parmigiano Reggiano, S. 275-278
[83] vgl. MEYER,A.H. (2003), S.560

2.3.3 Das Consorzio

Das Consorzio stellt die Dachorganisation des Produktionssystems dar. Zunächst besteht es (ab 1927) als freiwillige Vereinigung.[84] 1934 gründet man, als Reaktion auf vorangehende Streitigkeiten um den Namen, das *Consorzio Volontario Interprovinciale del Grana Tipico* um sich gemeinsam von Konkurrenzprodukten abzugrenzen; ab diesem Zeitpunkt heißt der hergestellte Hartkäse offiziell *Parmigiano Reggiano.* Man definiert hierfür klar die Produktionsgrenzen. Während des Zweiten Weltkriegs bleibt das *Consorzio* zwar bestehen, ist jedoch untätig. Als Folge dieser Zwangspause findet 1954 eine Reorganisation auf neuer Basis statt: Das bis heute bestehende *Consorzio del Formaggio Parmigiano-Reggiano* wird geschaffen und am 17. Juni 1957 gesetzlich anerkannt. Seit dieser Zeit gab es keine nennenswerten Veränderungen mehr.[85] Der Hauptsitz liegt bis heute in *Reggio Emilia.* Zu seinen Mitgliedern zählen alle Beteiligten des Systems innerhalb des Ursprungsgebiets, die sich gegenüber den Produktionsvorschriften verpflichtet haben: Milcherzeuger, Käsereien, Reife-Betriebe und Verpackungsunternehmen. Seine zahlreichen Aufgaben ergeben sich aus den in der Satzung festgelegten Zielen. Zuallererst ist hier der Schutz der Ursprungsbezeichnung „*Parmigiano Reggiano*" – auch in fremdsprachlicher Übersetzung – zu nennen. Hiermit geht auch die Verbreitung und Förderung von Kenntnissen über die g.U. und das patentierte Markenzeichen einher. Außerdem zählen zu den Aufgaben des *Consorzio* die ständige Kontrolle der Herstellung und des Vertriebs sowie das Alleinrecht der Produktklassifizierung und -kennzeichnung mit dem g.U.-Logo (siehe unten). Hierfür existiert ein spezielles, unabhängiges und privates Organ, das die entsprechenden Kontrollen durchführt. Über die Pflicht der Wahrung der typischen Produktmerkmale und -eigenschaften hinaus strebt das *Consorzio* eine ständige Verbesserung der Qualität der Herstellung sowie die qualitative Weiterentwicklung und Verbesserung des Produkts (z.B. durch fundierte fachliche Betreuung und Ausbildung der Mitglieder des *Consorzio*) an; jedoch wird bei jeglicher Entscheidung immer die Auswirkung auf die Endqualität des Käses miteinbezogen. Nicht zuletzt beinhalten die Tätigkeiten des Dachverbandes auch die Förderung des Konsums von „*Parmigiano Reggiano*" in Italien und im Ausland in Form von Marketing-Aktivitäten verschiedenster Art ebenso wie die Entwicklung und Begleitung von kommerziellen Initiativen zur Steigerung der Wertschätzung, des Images und der Bekanntheit des traditionellen Hartkäses (vgl. 2.2.5).[86]

Bild 6 Überprüfung des Klangs des Käses

[84] vgl. BARTOLINI, L. (2006), S.43
[85] vgl. DE ROEST, K. (2000), S.29f.
[86] vgl. CONSORZIO DEL FORMAGGIO PARMIGIANO-REGGIANO (1999), S.1-4

Vorgehensweise bei der Produktkennzeichnung und -klassifizierung von *Parmigiano Reggiano* durch das *Consorzio*:

Bild 7 Werkzeuge zur Qualitätsprüfung

Die Faktoren, die bei der Qualitätsklassifikation eine Rolle spielen, sind folgende: Alter, Reifestatus, Aroma, Struktur, Farbe, Konsistenz, Zustand der Rinde, Größe und Gewicht.

Um all diese Faktoren genau zu überprüfen wenden die Experten des *Consorzio* stets dieselbe Vorgehensweise an. Dabei verwenden sie nur wenige spezielle, aber sehr einfache Inspektionswerkzeuge (siehe Bild 7): Ein kleines Hämmerchen, das in der Regel aus Eisen besteht. Eine kleine „Gewindenadel", zur Entnahme kleinster (Geruchs-)Proben (siehe Bild 8). Und eine Art Käseeisen[87], zur Entnahme etwas größerer (Geschmacks-)Proben.

Besonderen Wert legen die Experten auf die Klangresonanz des Käselaibes: um diese zu untersuchen, stellt der Prüfer den Käse hochkant auf die Seite und klopft dessen gesamte Fläche mit dem kleinen Eisenhämmerchen ab; das erklingende Geräusch sollte möglichst überall gleich und vollklingend sein. Ist dem so, kann von einer gleichmäßigen Kompaktheit des Inneren ausgegangen werden. Dieser erste wichtige Prüfschritt setzt nicht nur ein gutes Gehör, sondern vor allem auch viel Erfahrung voraus.

Nach Kontrolle der Resonanz entnimmt der Prüfer nun mit Hilfe der Gewindenadel eine winzige Probe indem er die Nadel mittig in die Oberfläche des gereiften Laibes treibt (siehe Bild 8). So können Geruch, Geschmack, die buttrige Konsistenz, das Aroma und der Reifegrad evaluiert werden. Auch hierfür ist ein gewisses Maß an Erfahrung nötig, um alle feinen Nuancen richtig zu bewerten.

Bestehen jetzt immer noch Zweifel am Zustand oder an der Qualität des Käses, wird ein dritter Prüfschritt durchgeführt. Das Käseeisen kommt zum Einsatz: hiermit entnimmt der Sachverständige des *Consorzio* eine größere Probe aus dem Laib, um sein endgültiges Qualitätsurteil fällen zu können.

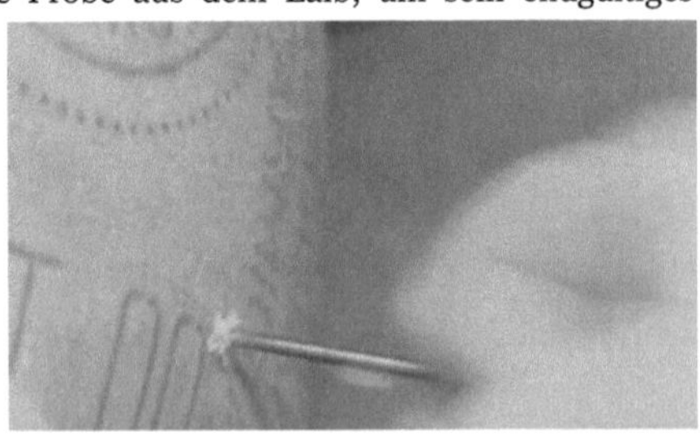

Bild 8 Entnahme einer Geruchsprobe (mit Gewindenadel)

Nur in Fällen einer besonders großen Charge kann es vorkommen, dass willkürlich zwei oder drei Laibe ausgewählt und als Ganzes gespaltet werden, um das gesamte Innere der Laibe begutachten zu können; diese Methode nennt sich *fenditura* (dt. Spaltung).[88]

[87] Rückseite des Hammers
[88] vgl. DE ROEST, K. (2000), S.121

9 Brandmarkierung eines Käselaibs nach
olgreicher Qualitätsprüfung

Nachdem ein Laib vom Prüfer als ausreichend gut befunden wurde, wird ihm die Kennzeichnung mit dem g.U.-Logo auf der Rinde eingebrannt (siehe Bild 9).
Neben der allgemeinen Kennzeichnung mit dem g.U.-Logo erfolgt noch eine gesonderte Produktklassifizierung[89], die genauere Qualitätsunterschiede verdeutlicht (siehe Anhang VI).

2.3.4 Konkurrenzprodukte

Dass der Schutz von *Parmigiano Reggiano* tatsächlich in dem Ausmaß nötig ist, wie er durch das Gemeinschaftsrecht und das *Consorzio* forciert wird, zeigt eine kurze Betrachtung der Konkurrenzsituation. Wie schon die unter 2.2.6 erwähnte Studie zeigt, ist der Konkurrenzdruck durch unzählige Nachahmungsprodukte wirklich immens; und das, obwohl die Studie nicht einmal alle Konkurrenzhartkäse erfasst hat. Im Folgenden soll vor allem auf *Grana Padano* (siehe Bild 10) eingegangen werden, da dieser unumstritten der größte Widersacher des echten Parmesan ist[90]; wohl vor allem aufgrund seiner durchaus großen Ähnlichkeit sowie seiner „räumlichen Nähe".
Seine Herstellung erfolgt in 27 Provinzen in Piemont, der Lombardei und Emilia Romagna. Durch das italienische Gesetz Nr. 1269 vom 30. Oktober 1955 erhielt der parmesanähnliche Käse seine amtliche Ursprungsbezeichnung ebenso wie er auch durch VO Nr. 510/2006 durch das Gemeinschaftsrecht geschützt wird.[91] Ähnlich dem P.R. existiert auch ein Konsortium der Erzeuger von G.P. Jedoch wird dieser in Käsereien von industriellem Zuschnitt hergestellt; das Futter der Kühe basiert in erster Linie auf Silage, da die eingeführten Holsteinkühe einen höheren Energiebedarf haben und dies zudem eine Unabhängigkeit vom Vegetationszyklus ermöglicht. Denn eine möglichst ganzjährig gleichbleibende Milchqualität ist Voraussetzung für das standardisierte Herstellungsverfahren.[92] Allerdings bedingt die Fütterung von Silage eine deutlich geringere Bindung an die Produktionsregion. Außerdem brachte die Silage als Negativfaktor neue Sporen mit sich, die das Ergreifen von Gegenmaßnahmen verlangten.[93] Deshalb verzichtet man bei der Produktion von G.P. auch nicht auf die Beimischung von Zusätzen, um unerwünschte Gärprozesse, die die Reifung stören könnten, möglichst zu

[89] vgl. DE ROEST, K. (2000), S.122
[90] vgl. HALLER-ZINGERLING, C.; HOFMANN, S. (2009), S.185
[91] vgl. CONSORZIO PER LA TUTELA DEL FORMAGGIO GRANA PADANO a
[92] vgl. BARTOLINI, L. (2006), S.46f.
[93] vgl. DE ROEST, K. (2000), S.154

unterdrücken. Mit diesen Industrialisierungsmaßnahmen stieg automatisch auch die Menge an verarbeiteter Milch: Täglich erfolgen zwei Produktionsgänge für G.P. anstatt nur einem wie bei P.R. Dafür muss die Milch jedoch schneller entrahmt werden, nämlich mit Hilfe von Zusätzen wie Formaldehyd. Außerdem entschied man als Kostensparmaßnahme nur einmal täglich die Milch bei den Bauern zu holen. Allerdings ist aus diesem Grund eine zwischenzeitliche Kühlung unumgänglich. Diese wiederum löst Veränderungsprozesse in der Milch aus, die später durch Erhitzen der Milch (auf mind. 57 °C) wieder revidiert werden müssen, bevor die Milch verkäst werden kann.[94] Die bei der Herstellung von G.P. verwandte Milch muss also eigentlich als Industriemilch eingestuft werden.[95]

Grana Padano kann also nicht mehr als handwerkliches Produkt angesehen werden, sondern ist in Folge der Milchstandardisierungstechniken und eingesetzten Zusatzstoffe als Industrieprodukt zu verstehen. Die Produktion ist demnach eigentlich überall möglich und verliert die P.R.-typische Bindung an die Region vollkommen, was Imitationsbestrebungen entgegenkommt.[96]

Auch unterscheiden sich seine Konsistenz, seine Farbe sowie sein Geschmack von denen des echten Parmesan.[97] Dies ist in erster Linie auf die kürzere Reifezeit zurückzuführen; denn G.P. reift in der Regel nur etwa 12-18 Monate – das Prädikat „extra" erhält er schon nach nur 24 Monaten (vergleiche P.R.: 36 Monate).[98] Tatsächlich gab es von Seiten des P.R.-*Consorzio* kurzzeitig den Versuch, „jüngeren" P.R. auf den Markt zu bringen. Die Idee wurde jedoch wegen zu großer Qualitätseinbußen wieder verworfen.[99]

Bild 10 Rindenprägung bei Grana Padano

Große Unterschiede werden zudem bei den Verarbeitungskosten von Milch in Käse deutlich: Bei P.R. lagen diese 2008 in der Ebene durchschnittlich bei 15,36 €/100 kg verarbeiteter Milch und in den Berggebieten bei 17,31 €/100 kg verarbeiteter Milch.[100] Im Gegensatz dazu kostete der Verarbeitungsvorgang bei G.P. durchschnittlich nur 12,31 €/100 kg Milch; in den großen G.P.-Käsereien (> 8000 t Milch/Jahr) sanken diese sogar auf 10,92 €/100 kg verarbeiteter Milch.[101] Dies ergibt einen Mindest-

[94] vgl. DE ROEST, K. (2000), S.154f.
[95] vgl. DE ROEST, K. (2000), S.202
[96] vgl. DE ROEST, K. (2000), S.155 und HALLER-ZINGERLING, C.; HOFMANN, S. (2009), S.92
[97] vgl. BARTOLINI, L. (2006), S.46f.
[98] vgl. DE ROEST, K. (2000), S.142
[99] vgl. DE ROEST, K. (2000), S.197f.
[100] vgl. C.R.P.A. S.P.A. REGGIO EMILIA (2009 b), S.9f.
[101] vgl. C.R.P.A. S.P.A. REGGIO EMILIA (2009 b), S.11f.

unterschied von 3,05 €/ 100 kg Milch und zeigt deutlich den Druck, dem das P.R.-Produktionssystem durch industrielle Konkurrenzprodukte ausgesetzt ist. Wenn dann noch die verkürzte Reifedauer miteinbezogen wird, kann man sich vorstellen, wie es zu den Preisunterschieden bei den beiden Hartkäsen kommt.

2008 wurden in nur 160 Käsereien 4.355.347 Laibe Grana Padano hergestellt, wovon 26 % in den Export gingen.[102] Im Vergleich dazu stellte man nur 3.014.659 Laibe P.R. in über 400 Käsereien her [103], die zu 24,2 % exportiert wurden.[104] Die Export-Marktanteile sowie die Zielländer zeigt Tabelle 5.[105]

Schon die Produzenten von G.P. haben mit der großen Anzahl an Imitationsprodukten zu kämpfen, obwohl sie, dank Standardisierung, schon wesentlich billiger produzieren als P.R.-Hersteller. Man kann sich daher vorstellen, wie enorm die Belastung für das P.R.-Produktionssystem sein muss.[106]

Export di Parmigiano-Reggiano e Grana Padano nel 2008 (escluso il grattugiato)

	Parmigiano-Reggiano	Grana Padano	Totale
Francia	2.765	1.990	4.755
Germania	4.809	6.749	11.558
Regno Unito	3.077	1.497	4.574
Spagna	292	1.971	2.263
Altri paesi UE	2.950	7.815	10.765
Unione Europea	**13.893**	**20.022**	**33.915**
Svizzera	622	4.922	5.544
Stati Uniti	5.245	5.134	10.379
Canada	1.092	1.703	2.795
Giappone	633	516	1.149
Altri paesi	990	3.717	4.707
Totale mondo	**22.476**	**36.013**	**58.489**
Quota %	38,4	61,6	

Tabelle 5 Exportquoten Parmigiano Reggiano und Grana Padano (2008)

Summa summarum lässt sich also festhalten, dass neben der ohnehin bestehenden Ungunstsituation für ein traditionelles Produktionssystem im Industriezeitalter bei P.R. noch zusätzlich expliziter Druck durch gleichartige Konkurrenzprodukte hinzukommt.

2.4 Auswirkungen auf das Produktionsgebiet

In diesem Kapitel soll dargelegt werden, ob und – wenn ja – wie die Herstellung von P.R. seine Ursprungsregion prägt.

Die Frage nach dem „ob" kann schnell beantwortet werden: Definitiv hat das Vorhandensein des Produktionssystems von P.R. Auswirkungen auf die Ursprungsregion.

Nicht umsonst zählt *Emilia-Romagna*, das den P.R. hauptsächlich hervorbringt, zu den reichsten Regionen Italiens. Zwar ist dies nicht allein Folge der Parmesan-Herstellung, jedoch trägt diese nicht unerheblich dazu bei, indem sie den Erhalt des primären Sektors

[102] vgl. CONSORZIO PER LA TUTELA DEL FORMAGGIO GRANA PADANO b
[103] vgl. CONSORZIO DEL FORMAGGIO PARMIGIANO-REGGIANO (2009)
[104] vgl. C.R.P.A.; ISTAT (2009)
[105] C.R.P.A.; ISTAT (2009)
[106] vgl. CATTEANO, S. (2008), S.596f.

stark unterstützt. Die im Folgenden erläuterten Erkenntnisse beruhen auf einer Studie des niederländischen Agrarökonomen und Soziologen *Kees de Roest.*

Eine der frappierendsten Auswirkungen ist unumstritten der Anstellungseffekt: Die P.R.-Produktion schafft auf vielfältige Weise und in den unterschiedlichsten Bereichen Arbeitsplätze. Zunächst sind hier selbstverständlich die Arbeitsplätze im Bereich der Landwirtschaft, genauer gesagt der Milchviehwirtschaft, zu nennen. Insgesamt bedingt diese im Herstellungsgebiet einen Arbeitskräftebedarf von über 21.000 Arbeitseinheiten/Jahr (1999), während im Vergleich dazu Industriemilchherstellung vergleichbaren Umfangs nur einen Bedarf von knapp über 11.000 Arbeitseinheiten/Jahr hervorrufen würde.[107] Unter der weiteren Einbeziehung aller Produktionsschritte des Hartkäses ergibt sich eine Beschäftigung für ca. 20.000 Leute jeden Tag. Eine Industrialisierung der Produktion würde dies auf nur noch 8.000 Leute pro Tag reduzieren.[108]

Vor allem die P.R.-Betriebe der Bergregionen schaffen aufgrund der erhöhten Intensität der Bewirtschaftung Arbeitskräftebedarf.[109] Hier ist noch speziell anzumerken, dass die Bergregionen des P.R.-Gebietes im Vergleich zu ähnlichen europäischen Bergregionen deutlich weniger Landflucht zu bedauern haben. Obwohl auch hier die Betriebszahlen insgesamt rückläufig sind, verzeichnen die bestehenden Betriebe ein Wachstum der durchschnittlichen Herdengröße.[110] Selbstverständlich gilt die Verhinderung von Landflucht auch in den flacheren Teilen des Herstellungsgebietes, jedoch nicht in so vergleichbar deutlichem Ausmaß.[111]

Die Erhaltung der landwirtschaftlichen Betriebe ist jedoch nicht allein auf die Rentabilität der traditionellen Parmesanerzeugung zurückzuführen, sondern vor allem auch auf den starken Zusammenhalt aller Beteiligten untereinander bzw. ganz einfach auf deren Loyalität gegenüber dem speziellen Produktionssystem. Das ungewöhnlich stark ausgeprägte Zugehörigkeitsgefühl sowie das Vertrauen aller Involvierten in das System lässt sie mit Hingabe und Engagement ständig daran weiterarbeiten, die Traditionen zu erhalten.[112] Auch ist den Mitwirkenden ein gewisser Stolz – darauf, Teil von etwas Außergewöhnlichem und eigentlich nicht mehr Zeitgemäßem zu sein– gemein; daher haben P.R.-Bauern in der Regel mehr Selbstbewusstsein und positivere Zukunftserwartungen als der europäische Durchschnittsbauer.[113] Als Folge ergibt sich in der gesamten Region eine allgemein vorherrschende verstärkte Wertschätzung von Traditionen auch anderer Bereiche. Nicht selten zählen zu den Prioritäten der Landwirte, möglichst viel

[107] vgl. DE ROEST, K. (2000), S.230f.
[108] vgl. DE ROEST, K. (2000), S.251
[109] vgl. DE ROEST, K. (2000), S.215f.
[110] vgl. DE ROEST, K. (2000), S.80f.
[111] vgl. DE ROEST, K. (2000), S.4
[112] vgl. DE ROEST, K. (2000), S.3f./251
[113] vgl. DE ROEST, K. (2000), S.171-175

Freizeit zu haben, die Erhaltung der eigenen Gesundheit sowie die der Tiere und die Erhaltung der Familientradition. Deshalb ist das Ziel der meisten P.R.-Milchbauern nicht allein die Gewinnmaximierung, sondern oft einfach nur die Ernährung der eigenen Familie.[114] Denn unter den P.R.-Milchbetrieben finden sich ungewöhnlicherweise noch sehr viele klein- bis mittelgroße Familienbetriebe.[115]

Gleichwohl liegen die geschaffenen Arbeitsplätze, wie oben bereits erwähnt, nicht nur im Bereich der Landwirtschaft. Selbstverständlich zählen hierzu auch die Stellen in den Käsereien, die direkt durch die Käseherstellung bedingt werden. Aber auch damit sind noch nicht alle Folgetätigkeitsfelder aufgezählt. Man denke an den gesamten „Reifungsmarkt", der geschaffen wurde. Auch hier besteht saisonunabhängiger Arbeitskräftebedarf.[116]

Durch das Produktionssystem zwar implizierte, aber nicht immer direkt damit verbundene Stellen finden sich in den Laboratorien und Forschungsinstituten, die der ständigen Qualitätsüberprüfung und -verbesserung dienen.[117] Auch im Ursprungsgebiet liegende Universitäten profitieren: In Parma schuf man eine große veterinärmedizinische Abteilung sowie eine Abteilung für Nahrungsmittelproduktionstechnologie. Außerdem bietet die wirtschaftswissenschaftliche Fakultät der Universität spezielle Kurse über agrarwirtschaftliche Ökonomie an. In Reggio Emilia gibt es sogar einen Studiengang der

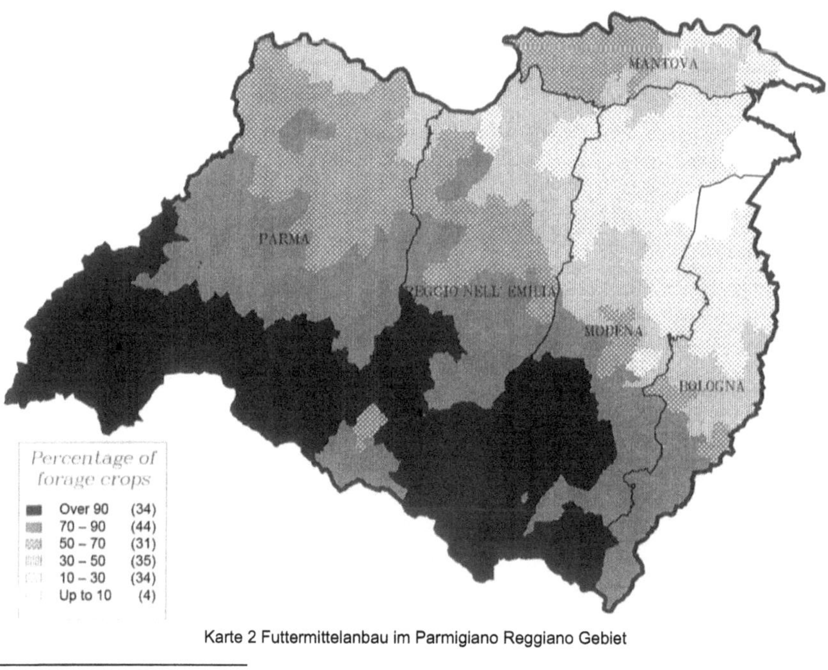

Karte 2 Futtermittelanbau im Parmigiano Reggiano Gebiet

[114] vgl. DE ROEST, K. (2000), S.161/168
[115] vgl. DE ROEST, K. (2000), S.75
[116] vgl. DE ROEST, K. (2000), S.44
[117] vgl. DE ROEST, K. (2000), S.123/137

Tierproduktionswissenschaften. Man kann also konstatieren, dass die traditionelle Käseherstellung sogar Effekte auf die gehobenen Bildungseinrichtungen der Region hat.[118] Denn das P.R.-Produktionssystem ist nicht nur ein endogen entstandenes System, es hält auch die regionsinterne Innovationsrate hoch.[119] Hier kann als Beispiel die aus Reggio nell'Emilia stammende Reggio-Pädagogik genannt werden, die u.a. entwickelt wurde um berufstätige Mütter der Region zu unterstützen. Dies zeigt, wie weite Kreise der Einflussbereich des Produktionssystems zieht.

Zuletzt prägt die Parmesan-Herstellung ihr Ursprungsgebiet auch noch deutlich sichtbar, nämlich durch die Beeinflussung der Landnutzung in der Region. Um alle Kühe des Systems gemäß den Futterregularien – will in erster Linie sagen ohne Silage – ausreichend versorgen zu können muss entsprechender Anbau betrieben werden: Zu großen Teilen macht der Futtermittelanbau in der P.R.-Region über 90 % des gesamten Anbaus aus, wie Karte 2 deutlich zeigt. Mit einem Anteil von zwei Dritteln an diesem Futteranbau dominiert eindeutig Alfalfa. Diese deutliche Dominanz prägt nachhaltig das rein optische Erscheinungsbild der Region.

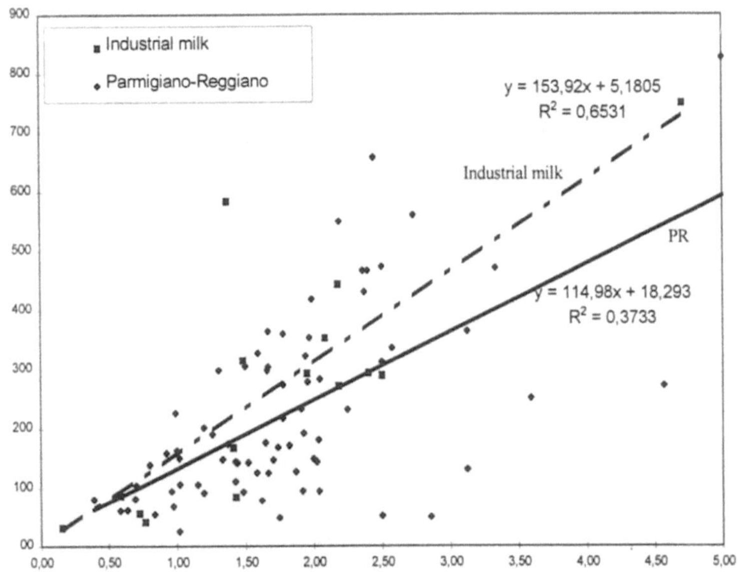

Grafik 5 Stickstoffüberschuss/ha in Abhängigkeit von Viehdichte und Milchdestination

---

[118] vgl. DE ROEST, K. (2000), S.135f.
[119] vgl. DE ROEST, K. (2000), S.140

Aber damit ist es nicht genug, denn auch die Öko-Kompatibilität eines landwirtschaftlichen Produktionssystems kann starke regionale Effekte haben. Auch hier fällt das P.R.-System positiv auf: Im Vergleich zu Industriemilchbetrieben weisen P.R.-Milchbetriebe eine bis zu 30 % geringere Stickstoffbelastung für das Land auf (siehe Grafik 5).[120]
Zusammenfassend lässt sich also festhalten, dass das Produktionssystem von P.R. auf seine Ursprungsregion zweifellos Einfluss nimmt; dieser ist zumeist positiv: Dank der handwerklichen Milchverarbeitung und der damit verbundenen Tradition kommt es zur Erhaltung und überdurchschnittlichen Wertschätzung von Traditionen im Allgemeinen. Aufgrund der vorherrschenden Betriebsstrukturen, der angewandten Techniken sowie des nachgeschalteten Marktes entstehen überdurchschnittlich viele, in der Regel saisonunabhängige Arbeitsplätze; nicht wenige davon in ansonsten eher unwirtlichen Gegenden. Zu guter Letzt ist die Bewirtschaftungsweise der systemangehörigen Betriebe naturschonender, als es die vergleichbarer industrieller Betriebe wäre.[121]

3. Modellcharakter des Parmigiano Reggiano Produktionssystems

Im folgenden letzten Abschnitt des Hauptteils der Arbeit sollen eigene Überlegungen dazu angestellt werden, ob das P.R.-Produktionssystem Modellcharakter hat, und sollte dem so sein, inwiefern dieses Systemmodell dann auf eine andere Region übertragbar wäre. Um den Rahmen der Arbeit nicht zu sprengen, wird die Analyse jedoch nicht besonders ausführlich dargelegt. Es sollen nur Denkansätze aufgezeigt werden.

3.1 Hat das Produktionssystem Modellcharakter?

Um den Modellcharakter des P.R.-Produktionssystems begreifen zu können, müssen über die üblichen Betrachtungsmerkmale normaler Wirtschaftsmodelle hinaus vor allem Tradition und Sozialstruktur miteinbezogen werden, die im vorangehenden Teil der Arbeit bereits ausführlich erläutert wurden. Die üblicherweise analysierten Gesichtspunkte wie Lukrativität, Quantität und Konkurrenzfähigkeit sind hier nicht zentral. Als wichtigster Basisgedanke des Produktionssystems ist die Erhaltung bzw. die Rückbesinnung zu sehen:
Rückbesinnung auf Tradition anstatt Selbstauslieferung an ständig fortschreitende, fast schon zum Selbstläufer gewordene Rationalisierung.
Rückbesinnung auf kleinräumige Produktionszyklen als Gegenpol zur immer weiter voranschreitenden Globalisierung.
Rückbesinnung auf Zufriedenheit mit „genug" anstatt beinahe krankhaftem Streben nach immer mehr.
Rückbesinnung auf Gemeinschaftlichkeit anstatt rein egozentrischen Verhaltensweisen.

[120] vgl. DE ROEST, K. (2000), S.241f.
[121] vgl. DE ROEST, K. (2000), S.254

Rückbesinnung auf Qualität anstatt Quantität sowie auf Loyalität anstatt Opportunismus. Denn fraglich ist, warum im heutigen Industriezeitalter ein Produktionssystem wie das des *Parmigiano Reggiano* überhaupt noch zu überleben in der Lage ist. Wieso trotzt die Tradition in diesem Fall schon so lange erfolgreich der Rationalisierung? Dieses Fortbestehen wider alle ungünstigen Umstände ist zu begründen durch das Festhalten an eben jenen Verhaltensweisen, auf die wir uns rückbesinnen sollten.

Das sich ergebende Modell könnte vereinfacht folgendermaßen aussehen:

Input	→	**Vorgehensweise**	→	**Output**
Tradition (Rückbesinnung)		Zusammenhalt		Nachhaltigkeit
		kleinräumiger regional angepasster Produktionszyklus		Qualität
Loyalität				Zufriedenheit

Tabelle 6: Vereinfachtes Input-Output-Systemmodell

3.2 Übertragbarkeit des Systemmodells

In diesem Unterkapitel soll untersucht werden, ob das erdachte Modell auf eine andere Region übertragen werden kann. Um die Vergleichbarkeit zu steigern, wird hier als Kollationsregion Niederbayern gewählt, da es flächenmäßig (mit etwa 1,03 Mio. ha, davon 536.364 ha LNF) in etwa der Produktionsregion von P.R. entspricht und auch eine noch nennenswerte landwirtschaftliche Prägung vorliegt.[122] Als Beispiel für ein Alternativprodukt, das traditionelle Wurzeln in der Region hat, wurde Flachs bzw. Hanf gewählt.

Flachs wie Hanf zählen zu den ältesten Kulturpflanzen und verloren erst im 19. Jahrhundert durch die industrielle Revolution und die Einführung der leichter zu verarbeitenden Baumwolle ihre bis dahin – vor allem im Textilbereich – tragende Rolle. Während Flachs seine Blütezeit in Deutschland im Mittelalter hatte, fiel diese für Hanf europaweit ins Segelschifffahrts- und Entdeckerzeitalter des 17. Jahrhunderts.[123] Beispielsweise beanspruchte Flachs im Jahr 1850 in Deutschland 215.000 ha Anbaufläche; zur Jahrhundertwende waren es nur noch 35.000 ha.[124] Trotz des Fehlens konkreter Zahlen vor 1870[125] gelten Gesamtanbauflächen von über 100.000 ha als sicher.[126] Erwähnenswerten Aufschwung erlebten beide Anbauprodukte in Deutschland jeweils zur Zeit der beiden Weltkriege (ca. 120.000 ha), als Substitution für die einfuhrblockierte Baumwolle.[127] Wieso die beiden Kulturpflanzen, trotz ihrer heutigen geringen Verbreitung

[122] vgl. ALPEN-INFO (2007)
[123] vgl. CARUS,M; VOGT, D.;BREUER, T. (2008), S.16f.
[124] vgl. CARUS,M; VOGT, D.;BREUER, T. (2008), S.16
[125] wegen der späten Nationalstaatsgründung
[126] vgl. CARUS,M; VOGT, D.;BREUER, T. (2008), S.18
[127] vgl. CARUS,M; VOGT, D.;BREUER, T. (2008), S.16/18

(siehe Grafik 6 und 7), als Alternative wieder mehr Beachtung finden sollten wird im Folgenden dargelegt: Nicht wenige Gründe sprechen dafür sich den vergessenen Nutzpflanzen wieder zuzuwenden. Zunächst einmal sprechen die aktuellen Veränderungen im Verbraucherbewusstsein – wie Beachtung von Nachhaltigkeit, Qualität statt Quantität, allgemeiner Naturschonung sowie „Bauen und Gesundheit“[128] – dafür; ein Großteil der Verbraucher von heute legt Wert darauf, dass das von ihm gekaufte Produkt unter nachhaltigen Gesichtspunkten erzeugt wurde. Das heißt nachwachsende regional angepasste und erzeugte Rohstoffe anstatt Importmassenware, die womöglich unter umweltschädigenden und ethisch unkorrekten Bedingungen erzeugt wurden.[129] Dafür sind viele Verbraucher bereit zu zahlen. Zusätzlich spielt auch der Energiespartrend eine Rolle, denn Erzeugnisse aus Naturfasern bedingen in der Regel einen nennenswert geringeren Energieinput (siehe Grafik 8).[130] Viel Energie könnte zusätzlich gespart werden, wenn dank der regionalen Erzeugung im eigenen Land der Import und die damit verbundenen Transportwege wegfielen; gleichzeitig würde dies auch eine deutliche (Transport-)Kostenersparnis bedeuten, vor allem in Zeiten steigender Öl- und Gaspreise![131] Hier spielt auch das Potenzial eine Rolle, dass sich ergibt, wenn durch Einsatz von Naturfasern beim Fahrzeugbau Gewicht und somit Treibstoffe gespart werden können, bei gleichzeitiger Erhöhung der Sicherheit (siehe Anhang VIII). [132]

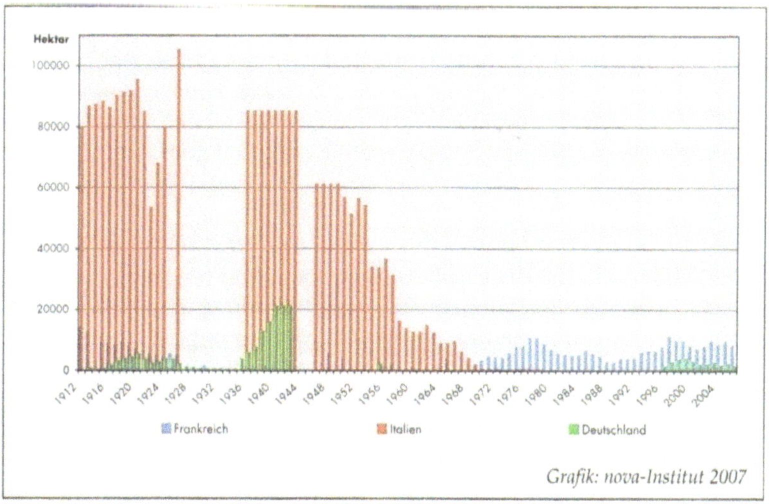

Grafik 6 Hanfanbau in Deutschland, Frankreich und Italien 1912-2004

[128] vgl. WASKOW, F. (1996), S. 78
[129] vgl. WASKOW, F. (1996), S. 14-16
[130] vgl. CARUS,M; VOGT, D.;BREUER, T. (2008), S.79
[131] vgl. CARUS,M; VOGT, D.;BREUER, T. (2008), S.71
[132] vgl. WASKOW, F. (1996), S.139f.

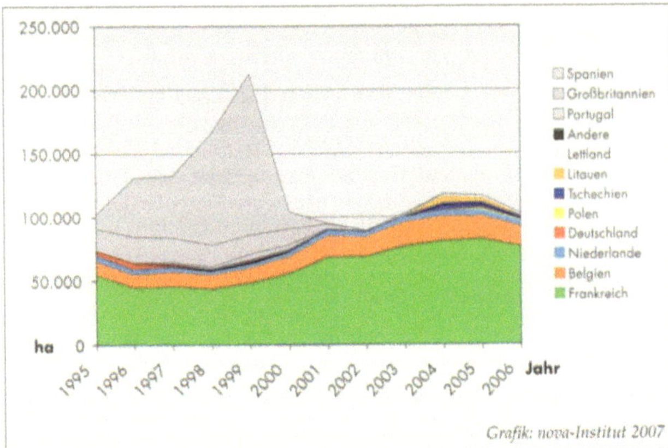

Grafik 7 Flachsanbau in der EU (1995-2006)

Kleinräumige Produktionszyklen wären die Folge. Für die anbauenden Landwirte könnte ein zusätzlicher Anreiz die Auflockerung ihrer Fruchtfolge sein: Flachs und Hanf bewirken eine feinkrümeligere Bodenstruktur, verringerten Unkrautdruck sowie eine verbesserte Nährstoffbilanz. Der ermittelte finanzielle Fruchtfolgewert beläuft sich auf ca. 150 €/ha.[133] Auch käme es bei Flachs-/Hanfanbau in größerem Maßstab zur Schaffung von Arbeitsplätzen im nachgeschalteten Verarbeitungsbereich, da nur durch Verarbeitung vor Ort Konkurrenzfähigkeit zu Alternativstoffen erreicht werden kann.[134] Dies würde zwei Punkten des oben erdachten Modells Folge leisten: erstens der Schaffung kleinräumiger und angepasster Produktionsstrukturen und zweitens dem Sozialaspekt, nämlich durch den Anbau eines Produkts u.a. nachgeschaltete Arbeitsplätze zu schaffen.

Hier zeigt sich unter anderem großes Marktpotenzial auch dadurch, dass die Verarbeitungstechnologien immer weiter verbessert werden (→ Verarbeitungskosten sinken) und vor allem immer neue Anwendungsbereiche entdeckt und erschlossen werden. Die immer bessere Zusammenarbeit mit der Automobilindustrie und die Erzeugung von Dämm- und Baustoffen zeigen hierbei große Steigerungsmöglichkeiten.[135] Ein weiteres Beispiel wäre die Herstellung von Vliesen und Filzen zu unterschiedlichen Zwecken[136]:

- natürlicher Böschungs- und Erosionsschutz
- Sanierung von Skipisten und Hängen
- Trägervliese oder -filze für Rollrasen
- Begrünungsvliese oder -filze mit Samen oder zur Anzucht

[133] vgl. CARUS,M; VOGT, D.;BREUER, T. (2008), S.65
Beispiel für eine mögliche Fruchtfolge: Weizen - Klee - Hanf - Weizen - Gerste - Bohnen
vgl. WASKOW, F. (1996), S.36

[134] vgl. WASKOW, F. (1996), S.99f.

[135] vgl. CARUS,M; VOGT, D.;BREUER, T. (2008), S.20/41 und WASKOW, F. (1996), S.17f.

[136] vgl. WASKOW, F. (1996), S.77

Wie schon das Vorhandensein von EU-Verarbeitungsbeihilfen (gemäß VO 1673/2000) und ähnlichen Anreizen zeigt, ist die Erzeugung von Naturfasern auch von der Agrarpolitik gewünscht.[137] Obwohl der Anbau also noch Risiken birgt und noch nicht den gewünschten großen Gewinn bringt, sollte er doch als zukunftsträchtige Alternative zu momentan vorherrschenden Anbauprodukten gesehen werden.

Womöglich könnte eine Umorientierung unserer niederbayerischen Landwirte durch die Rückbesinnung auf ehemals weit verbreitete Anbauprodukte sogar zur Entlastung bei der Milchbauernproblematik und ähnlichen Problemen führen. Selbstverständlich ist aller Anfang schwer und Unterstützung im Sinne von Schulungen und Konzeptentwicklungshilfen mag nötig sein, aber eine solche Investition könnte durchaus lohnenswert sein. Würde sich eine Gruppe niederbayerischer Bauern gemeinsam dazu entschließen, diesen Schritt zu wagen, einem den P.R.-Milchbauern ähnlichen Zusammenhalt entwickeln und dazu bereit sein, Gewinnmaximierung gegen Bedarfsdeckung und Zufriedenheit einzutauschen, so hätte eine Übertragung des oben entwickelten Modells auf Niederbayern mit Hanf als Nutzpflanze mit Sicherheit eine Chance. Denn Experten halten mittel- bis langfristig unter geeigneten Rahmenbedingungen für Deutschland eine Nutzhanfanbaufläche von mehreren 10.000 ha für gut möglich[138] und auch für ökonomisch vertretbar. Niederbayern zählt hierbei zu den besonders gut geeigneten Anbauzonen.[139]

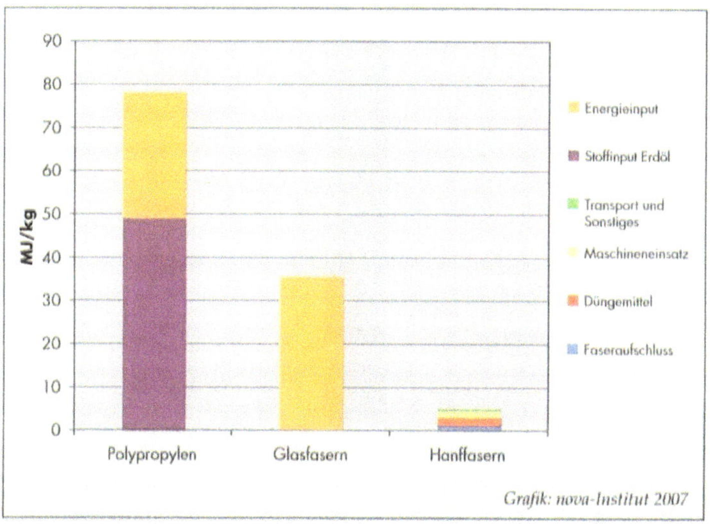

Grafik 8 Kumulierter Energieaufwand der Herstellung verschiedener Materialien

[137] vgl. CARUS,M; VOGT, D.;BREUER, T. (2008), S.64
[138] vgl. CARUS,M; VOGT, D.;BREUER, T. (2008), S.31
[139] vgl. WASKOW, F. (1996), S.66/99f.

4. Fazit

„Käse – für uns ein alltägliches Nahrungsmittel. Wohlschmeckend, verhältnismäßig preiswert, nährstoff- und vitaminreich, ist Käse von unserem Speiseplan nicht mehr wegzudenken. Kaum ein anderes Lebensmittel ist geschmacklich so vielfältig. Das ist kein Wunder, denn fast überall auf der Welt, wo es milchgebende Tiere gibt, gibt es Käse, und jeder Käser benutzt sein ganz persönliches Rezept der Herstellung und Reifung."[140]

Dieses Zitat aus der *PlanetWissen*-Sendung auf *BRalpha* vom 8. Februar 2010 zeigt die Aktualität des Themas und das lebhafte Interesse an den Hintergründen der Käseherstellung. Allgemein kommen dem auch die neuen positiven Entwicklungen im Bereich der Esskulturforschung sehr entgegen; dies zeigt sich beispielsweise in der Schaffung eines Masterstudiengangs (bzw. des Zentrums) für Gastrosophie an der Universität Salzburg im Jahr 2009[141] oder allgemein in den Medien: Artikel wie „Kulinarische Spezialitäten – Geschmackvolles Erbe"[142] oder „Esskultur: Denkmahl auf dem Teller"[143] finden sich immer wieder.

Nach eingehender Auseinandersetzung mit *Parmigiano Reggiano* und seiner Herstellung ist daher nur ein einziger Schluss möglich: Käse ist nicht gleich Käse.

So gern einem die „Nachahmer" auch beteuern, dass ihr Produkt dieselbe Qualität und denselben Geschmack wie das Original habe, so muss man doch feststellen, dass dem in der Regel nicht so ist. Zwar kommt G.P. in den meisten Facetten nahe an das Parmesanoriginal, den P.R., heran, aber doch nie ganz. Die Industrieversion des berühmten Hartkäses aus der direkten Nachbarschaft von P.R. ist dessen größter Konkurrent, aber nicht umsonst unterscheiden Kenner wie viele Laien nach wie vor zwischen Original und Imitation.

Andere Imitationsversuche scheitern geradezu kläglich, wie die Selbstverkostung eines „Schweizer Parmesans" zeigt; der Geschmack des falschen Parmesans ist nicht schlecht, hat aber mit dem Original nicht viel gemein. Das kann auch jeder Verbraucher erkennen, der dem nur ein bisschen Aufmerksamkeit schenkt. Experten, wie die renommierte Käseexpertin und Trägerin des Titels Käsemeisterin (frz. „Maître fromager") *Susanne Hofmann*, sprechen in solchen Fällen von „schlechten Kopien".[144]

Die handwerkliche Erzeugung eines Produkts und damit die Qualität sind also doch zu erkennen und machen auch in Zeiten der Industrialisierung noch einen Unterschied. Denn Tradition ist ein Faszinosum. Mag das Interesse an ihr auch phasenweise schwinden, so kehrt es doch immer wieder. Denn gerade in Zeiten der Industrialisierung und

[140] STEPHAN,R. (2010)
[141] vgl. GASTROSOPHIE.AT (2009)
[142] vgl. BUOMBERGER, T. (2004 b)
[143] vgl. BUOMBERGER, T. (2004 a)
[144] vgl. HALLER-ZINGERLING, C.; HOFMANN, S. (2009), S.94/132

Globalisierung, die geprägt sind von Traditionsverlust, Verwestlichung (mit all ihren Folgen) und Rationalisierung als Produktionsphilosophie, erregt die Aufrechterhaltung eines handwerklichen Produktionssystems, wie dem des *Parmigiano Reggiano*, Aufsehen und Interesse. Wie die Arbeit zu zeigen versucht, sollte ihm deshalb auch als Alternativmodell Aufmerksamkeit geschenkt werden: positive Langzeiteffekte in vielerlei Hinsicht für Natur und Mensch – im Wesentlichen erreicht durch Aufgabe des Minimalprinzips als ökonomischen Grundsatz – sprechen für sich.

Dank seiner Einzigartigkeit und den aktuell einsetzenden Konsumtrends[145], dürfen dem *Parmigiano Reggiano* und seinen Produzenten relativ gute Chancen auf eine weitere Erhaltung der bestehenden Tradition bescheinigt werden. Voraussetzungen, um dem zweifelsohne immer weiter wachsenden Druck auch in Zukunft standhalten zu können, sind mit Sicherheit eine weitere Verbesserung des Schutzes[146] des Produkts sowie das Fortbestehen der systeminternen Loyalität. Wird dies gewährleistet, so steht ein harter Kampf mit guten Aussichten auf Erfolg bevor – nicht weniger und nicht mehr. Denn, wie der *Parmigiano Reggiano* schon seit hunderten von Jahren erfolgreich demonstriert, lässt sich bereits mit wenigen Zutaten und gutem Willen Großartiges schaffen.

[145] vgl. HALLER-ZINGERLING, C.; HOFMANN, S. (2009), S.94
[146] vgl. HALLER-ZINGERLING, C.; HOFMANN, S. (2009), S.95

Quellenverzeichnis

Bücher

BARTOLINI, L. (2006): Il Parmigiano Reggiano. Der König der Käse mit einzigartigem Geschmack und Aroma. Würzburg.

BOCCACCIO, G. (1995): Decameron. Luigi Reverdito Editore. Varese.

BOCCACCIO, G. (2009): Das Dekameron. Nach der Übertragung aus dem Italienischen von Karl Witte. Frankfurt am Main.

CARUS, M; VOGT, D.; BREUER, T. (2008): Studie zur Markt- und Konkurrenzsituation bei Naturfasern und Naturfaser-Werkstoffen (Deutschland und EU). Gülzow.

CONSORZIO DEL FORMAGGIO PARMIGIANO-REGGIANO (1992): Il Parmigiano. Un simbolo di cultura e civiltà. Rom.

DE ROEST, K. (2000): The Production of Parmigiano-Reggiano Cheese. The Force of an Artisanal System in an Industrialised World. Amsterdam.

HALLER-ZINGERLING, C.; HOFMANN, S. (2009): Die Welt von Milch und Käse. Neustadt an der Wein.

IOTTI, M. (1991): Storia del formaggio di grana „Parmigiano-Reggiano" (1200-1990). Modena.

WASKOW, F. (1996): Hanf & Co. Die Renaissance der heimischen Faserpflanzen. Göttingen.

Artikel

BEYER, I. (2010): Von Vorsichtssparern und neuen Pflanzen. Konsumforscher beobachten Verbrauchertrends in der wirtschaftlichen Krise.
IN: Neues Deutschland, 05.02.2010, S.3

BUOMBERGER, T. (2004 a): Esskultur: Denkmahl auf dem Teller.
IN: Beobachter, 2004 (Heft 17), S.13-15

CATTEANO, S. (2008): Grated Grana Padano cheese: new hints on how to control quality and recognize imitations.
IN: Dairy Science & Technology, 2008 (Band 88/ Heft 4), S.595-605

MEYER, A.H. (2003): Kommt Parmesan-Käse aus Parma und Umgebung?
IN: Gewerblicher Rechtsschutz und Urheberrecht, 2003 (Heft 105/7), S.553-560

Marke – EuGH – Urt. vom 26.02.2008, C-132/05 – Parmigiano Reggiano.
IN: Mitteilungen der deutschen Patentanwealte, 2008 (Band 99/ Heft 6), S.275-278

Internet

ALPEN-INFO (2007)
< http://www.alpen-info.de/html/niederbayern.html > (17.02.2010)

BUOMBERGER, T. (2004 b): Kulinarische Spezialitäten. Geschmackvolles Erbe.
< http://www.beobachter.ch/konsum/artikel/kulinarische-spezialitaeten_geschmackvolles-erbe/ > (18.02.2010)

C.R.P.A. S.P.A. REGGIO EMILIA (2009 a): I cambiamenti strutturali dei caseifici del comprensorio del Parmigiano-Reggiano (1993-2008). Reggio Emilia.
<http://www.crpa.it/media/documents/crpa_www/Progetti/sifpre/Monografie/Caseifici_93_08.pdf > (25.01.2010)

C.R.P.A. S.P.A. REGGIO EMILIA (2009 b): Costi di produzione e di trasformazione del latte in Emilia-Romagna. Reggio Emilia.
< http://www.crpa.it/media/documents/crpa_www/Pubblicazi/Opuscoli-C/Archivio_2009/CRPA_9_2009.pdf > (27.01.2010)

C.R.P.A.; ISTAT (2009): Le esportazioni del Parmigiano-Reggiano nel 2008.
<http://www.crpa.it/media/documents/crpa_www/Progetti/sifpre/Export/export_PR_2008_1.pdf > (06.02.2010)

CONSORZIO DEL FORMAGGIO PARMIGIANO-REGGIANO (1999): Lo Statuto.
< http://cms.arscolor.com/storage/sito98/lo%20statuto%20doc.pdf > (24.01.2010)

CONSORZIO DEL FORMAGGIO PARMIGIANO-REGGIANO (2008 a): Verarbeitungsschema.
< http://international.parmigiano-reggiano.it/how/de/21596/Wie_er_entsteht.aspx > (30.01.2010)

CONSORZIO DEL FORMAGGIO PARMIGIANO-REGGIANO (2008 b): Il Bollino che fa la differenza.
< http://parmigiano-reggiano.it/sotto_sezione/21078/Il_Bollino_che_fa_la_differenza.aspx > (31.01.2010)

CONSORZIO DEL FORMAGGIO PARMIGIANO-REGGIANO (2008 c): Sensorische Eigenschaften. Die Zeit des Werdens.
< http://international.parmigiano-reggiano.it/pages/de/21617/Die_Zeit_des_Werdens.aspx > (31.01.2010)

CONSORZIO DEL FORMAGGIO PARMIGIANO-REGGIANO (2008 d): La zona d'origine.
< http://parmigiano-reggiano.it/sezione/21063/La_zona_d_origine.aspx > (01.02.2010)

CONSORZIO DEL FORMAGGIO PARMIGIANO-REGGIANO (2008 e): Sensorische Eigenschaften. Mehr wissen über Parmigiano Reggiano.
< http://international.parmigiano-reggiano.it/know/de/21623/Mehr_wissen_uber_Parmigiano_Reggiano.aspx > (03.02.2010)

CONSORZIO DEL FORMAGGIO PARMIGIANO-REGGIANO (2008 f): Sensorische Eigenschaften. Nährwerte.
< http://international.parmigiano-reggiano.it/pages/de/21619/Einleitung.aspx > (03.02.2010)

CONSORZIO DEL FORMAGGIO PARMIGIANO-REGGIANO (2009): La produzione 2008. <http://www.crpa.it/media/documents/crpa_www/Progetti/sifpre/produzione/2008_sintesi_prod.pdf > (06.02.2010)

CONSORZIO PER LA TUTELA DEL FORMAGGIO GRANA PADANO a: Grana è solo Padano.
< http://www.granapadano.com/aspx/Home.aspx?idMenu=607&liv=1&idAmb=66 > (06.02.2010)

CONSORZIO PER LA TUTELA DEL FORMAGGIO GRANA PADANO b: Cartella stampa schematica.
<http://www.granapadano.com/userfiles/file/pdf/CSchematica/CartellaStampa_schematica.pdf > (06.02.2010)

DIPARTIMENTO CONTROLLO QUALITÀ P.R. (2006 a): Il comparto del Parmigiano-Reggiano.
< http://www.dcq-pr.it/cms/Statistiche.shtml > (24.01.2010)

DIPARTIMENTO CONTROLLO QUALITÀ P.R. (2006 b): Cosa significa D.O.P.
< http://www.dcq-pr.it/cms/dop.shtml > (26.01.10)

EUROPÄISCHE KOMMISSION (2008): EU-Qualitätspolitik für Agrarerzeugnisse: Geografische Angaben und traditionelle Spezialitäten.
< http://ec.europa.eu/agriculture/quality/schemes/index_de.htm> (26.01.2010)

GASTROSOPHIE.AT (2009)
<http://www.gastrosophie.at/de/presse/detail.asp?id=12&tit=Neues%2520Zentrum%2520fuer%2520Gastrosophie%2520an%2520UNI%2520Salzburg%2520eroeffnet%2520 > (18.02.2009)

PANARI, G.; FILIPPI, S.; CAROLI, A.; PECORARI, A.; NOCETTI, M. (2008): Criteri analitici per differenziare il Parmigiano-Reggiano da formaggi della stessa categoria merceologica.
< http://cms.arscolor.com/storage/sito98/criteri_rer.pdf > (03.02.2010)

STEPHAN,R. (2010): Käse.
< http://www.planet-wissen.de/alltag_gesundheit/essen/kaese/index.jsp > (18.02.2010)

UNA FESTA DEDICATA AL PARMIGIANO (2009)
< http://linformazione.e-tv.it/archivio/20090611/10_RE1106.pdf > (02.02.2010)

Abbildungen

BILDER:
BILD 1: Zwillingslaibe kurz nach der Teilung
KARGL, S. (2009): Privataufnahme

BILD 2: Anbringen der Kasein-Plakette
< http://www.cabocchi.it/img/home6.jpg > (26.01.2010)

BILD 3: Parmigiano Reggiano Laibe im Salzbad
<http://www.podcast.de/episode/324893/Parmesan_%E2%80%93_Italien_k%C3%A4mpft_um_seinen_beliebten_Hartk%C3%A4se > (14.02.2010)

BILD 4: Typisches P.R.-Reifungslager
WINKLER, S. (2009): Privataufnahme

BILD 5: Parmigiano Reggiano
< http://www.almercholding.ee/files/reggiano2.jpg >(26.10.2010)

BILD 6: Überprüfung des Klangs des Käses
< http://mmoss.ca/Vacations/Italy/Images/Full/103%20Parmigiano%20Reggiano.JPG >
(26.10.2010)

BILD 7: Werkzeuge zur Qualitätsprüfung
JUNGWIRTH, F. (2009): Privataufnahme

BILD 8: Entnahme einer Geruchsprobe (mit Gewindenadel)
< http://www.podcast.de/episode/1422327/Der_K%C3%A4seaffineur > (14.02.2010)

BILD 9: Brandmarkierung eines Käselaibs nach erfolgreicher Qualitätsprüfung
< http://www.cabocchi.it/img/lavorazione7.jpg > (26.10.2010)

BILD 10: Rindenprägung bei Grana Padano
< http://www.gourmetgirlmagazine.com/09/01/images/Grana%20Padano.jpg>
(20.02.20010)

ABBILDUNGEN:
ABBILDUNG 1: „Spino-Notari"
BARTOLINI, L. (2006): Il Parmigiano Reggiano. S.66

GRAFIKEN:
Grafik 1: Zahlenmäßige Entwicklung der P.R.-Käsereien
DE ROEST, K. (2000): The Production of Parmigiano-Reggiano Cheese. S.25

Grafik 2: Entwicklung der Produktion von Parmigiano Reggiano
DE ROEST, K. (2000): The Production of Parmigiano-Reggiano Cheese. S.27

GRAFIK 3: Milchpreisentwicklung von Parmigiano Reggiano, Grana Padano und Industriemilch im Vergleich 2004 – 2008
< http://www.crpa.it/media/documents/crpa_www/Pubblicazi/Opuscoli-C/Archivio_2009/CRPA_9_2009.pdf > (27.01.2010)

GRAFIK 4: Prozentuale Entwicklung der unterschiedlichen Verkaufsformen von Parmigiano Reggiano 1992-1994
DE ROEST, K. (2000): The Production of Parmigiano-Reggiano Cheese. S.198

GRAFIK 5: Stickstoffüberschuss/ha in Abhängigkeit von Viehdichte und Milchdestination
DE ROEST, K. (2000): The Production of Parmigiano-Reggiano Cheese. S.240

GRAFIK 6: Hanfanbau in Deutschland, Frankreich und Italien 1912-2004
CARUS,M; VOGT, D.;BREUER, T. (2008): Studie zur Markt- und Konkurrenzsituation bei Naturfasern und Naturfaser-Werkstoffen (Deutschland und EU). S.20

GRAFIK 7: Flachsanbau in der EU (1995-2006)
CARUS,M; VOGT, D.;BREUER, T. (2008): Studie zur Markt- und Konkurrenzsituation bei Naturfasern und Naturfaser-Werkstoffen (Deutschland und EU). S.23

GRAFIK 8: Kumulierter Energieaufwand der Herstellung verschiedener Materialien
CARUS,M; VOGT, D.;BREUER, T. (2008): Studie zur Markt- und Konkurrenzsituation bei Naturfasern und Naturfaser-Werkstoffen (Deutschland und EU). S.79

TABELLEN:

TABELLE 1: Ø verkäste Milch
DE ROEST, K. (2000): The Production of Parmigiano-Reggiano Cheese. S.90

TABELLE 2: Ø Betriebsgröße
DE ROEST, K. (2000): The Production of Parmigiano-Reggiano Cheese. S.75

TABELLE 3: Milchpreisfaktoren
< http://www.crpa.it/media/documents/crpa_www/Pubblicazi/Opuscoli-C/Archivio_2009/CRPA_9_2009.pdf > (27.01.2010)

TABELLE 4: Studie über nachweisbare Inhaltsstoffe (2008)
< http://cms.arscolor.com/storage/sito98/criteri_rer.pdf > (03.02.2010)

TABELLE 5:Exportquoten Parmigiano Reggiano und Grana Padano (2008)
<http://www.crpa.it/media/documents/crpa_www/Progetti/sifpre/Export/export_PR_2008_1.pdf > (06.02.2010)

TABELLE 6: Vereinfachtes Input-Output-Systemmodell
BERNHARD, D. (2010)

KARTEN:

KARTE 1: Lage des Produktionsgebietes
<http://www.consorzioagrarioparma.net/struttura_files/f722734e9e7aeccf7249050977b9b53.jpg > (19.02.2010)

KARTE 2: Futtermittelanbau im Parmigiano Reggiano Gebiet
DE ROEST, K. (2000): The Production of Parmigiano-Reggiano Cheese. S. 56

Anhang

Anhang I: Unterschiedliche Farmtypen der Ebene innerhalb des P.R.-Systems in der Übersicht

Typ	Charakteristika	Ergebnis
Typ 1: Große, intensive Farm	Ø 63 Kühe Ø 7500 kg Milch/ Kuh/Jahr - automatisiertes Melken, Füttern, Reinigen - hohe Ausgaben für Futter, Tierarzt → hohe Kosten/Kuh Taktik: - hoher Kapitaleinsatz für max. Gewinn	- 25 Kühe/ Arbeiter → Kapazität steigt - Abhängigkeit von externen Märkten (Preisschwankungen → Einkommensschwankungen)
Typ 2: Große, extensive Farm	Ø 55 Kühe Ø 5600 kg Milch/ Kuh/Jahr - geringe Ausgaben für Futter, Tierarzt → geringe Kosten/Kuh Taktik: - viele Kühe für viel Milch	- relativ hohe Langzeitverschuldung - relativ unabhängig von externen Märkten → Einkommensstabilität
Typ 3: Kleine, intensive Farm	Ø 23 Kühe Ø 6600 kg Milch/ Kuh/Jahr - max. 13 ha Land → max. Nutzung durch dichten Anbauplan + Zukauf von Futter Taktik: - viel Milch/Kuh	- wenige Kühe/Arbeiter →relativ niedriges Einkommen
Typ 4: Kleine, extensive Farm	Ø 29 Kühe Ø 5500 kg Milch/ Kuh/Jahr - max. 19 ha Land - kein Futterzukauf - wenig Ausgaben Taktik: - geringe Kosten/ Kuh bei wenig Milch/ Kuh	- geringe Abhängigkeit von externen Märkten → Einkommensstabilität auf geringem Niveau

vgl. DE ROEST, K. (2000), S.161-177

Anhang II: Abnehmende Zahl der für P.R. Milch erzeugenden Betriebe 1990 - 1999

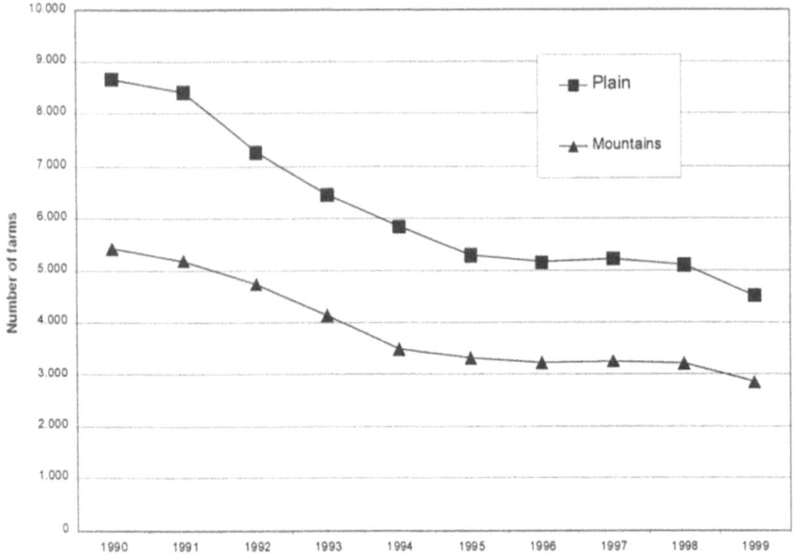

vgl. DE ROEST, K. (2000), S.83

Anhang III: Vergleich der Milchpreise (P.R., G.P. und Industrie) 1992 - 1998

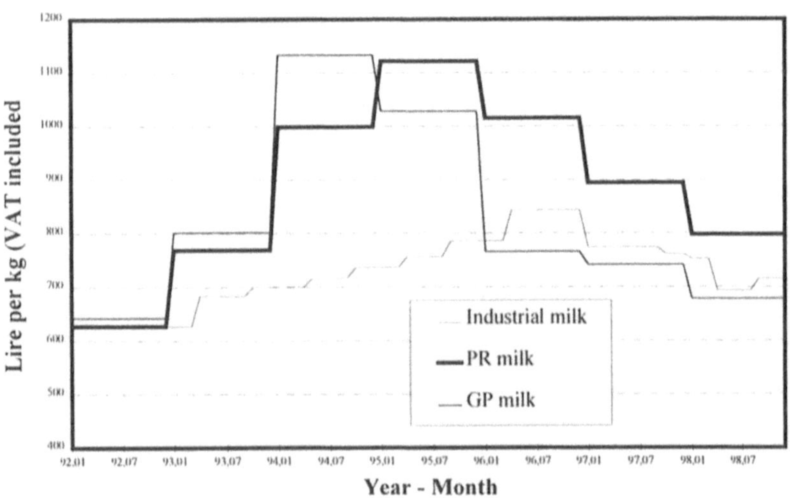

vgl. DE ROEST, K. (2000), S.213

Anhang IV: Übersichtsschema Produktion von Parmigiano Reggiano

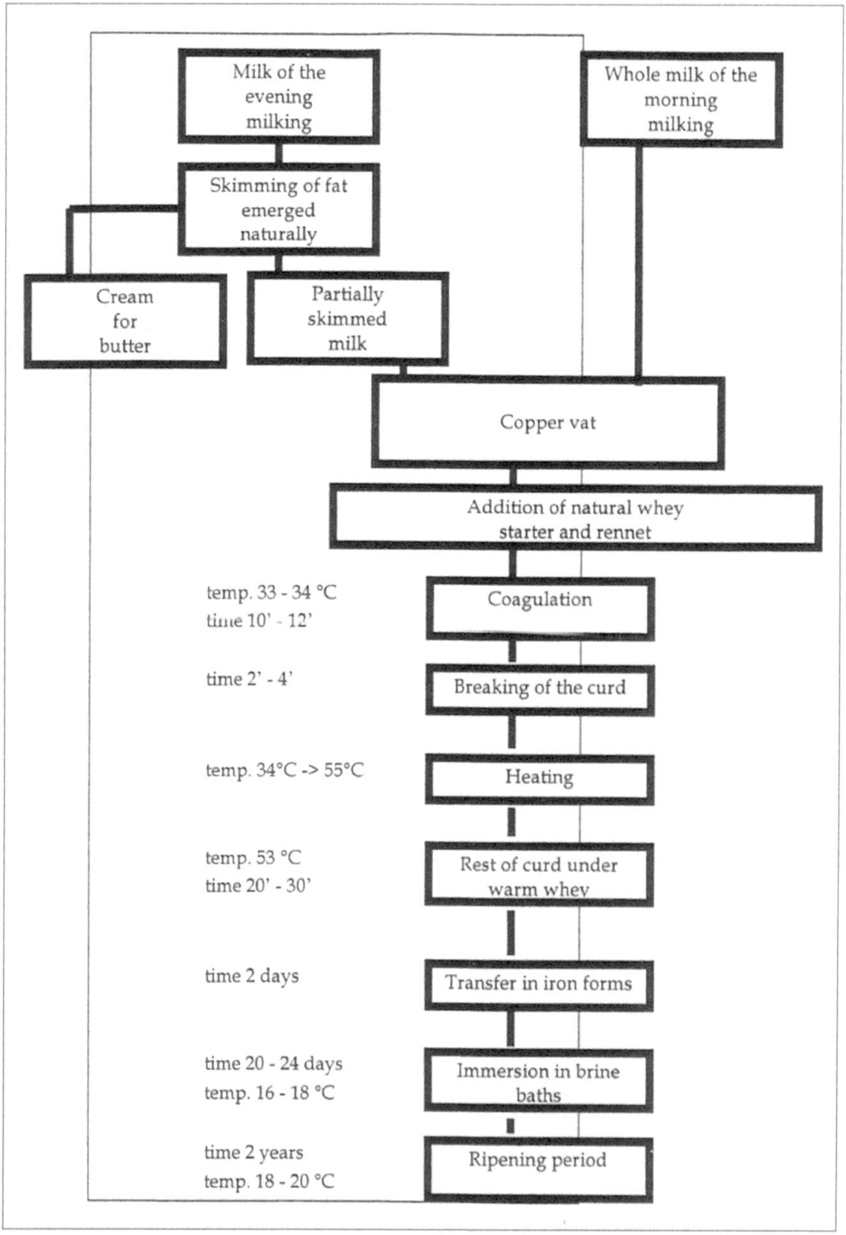

vgl. DE ROEST, K. (2000), S.35

Anhang V: Karriere eines Parmigiano Reggiano Käsers

	Käsereiart/-größe (Zeit in Jahren)				
	integriert	klein	mittelgroß	groß	Durchschnitt
Ausbildung	8	7	9	9	8
Aktivität als Käser	17	12	15	19	16
Gesamte aktive Zeit	25	19	24	28	24

vgl. DE ROEST, K. (2000), S.187

Anhang VI: Mögliche Markierungen bei Qualitätskontrolle

Markierung:

select/exclusive	alle Routine-Tests positiv + außergewöhnliche Qualität
o	alles in Ordnung bis auf einige Dellen/Risse in der Rinde
I	klar sichtbare Fehler (Pocken, Löcher), „langsame Antwort" bei Klopftest → weiche/lose Konsistenz
I+	leicht „schafiger" Geschmack
II kein g.U.-Logo Entfernen der Rinde (mit P.R.-Schriftzug)	„middling" (=Schüsselung), Löcher, Pockennarben, Deformierung
III oder ϴ =Ausschuss kein g.U.-Logo Entfernen der Rinde (mit P.R.-Schriftzug)	Schwellung, Abblättern der Rinde, Bruchstellen, schlechter Duft/Geschmack, sehr dünn

vgl. DE ROEST, K. (2000), S.121f.

Anhang VII: Die Markierungen eines Parmesanlaibs

JUNGWIRTH, F. (2009): Privataufnahme

1: DOP = Denominazione d'Origine Protetta
2: Produktionsnummer
3: Brandmarke des Consorzio nach der Qualitätsprüfung
4: Herstellungsmonat und -jahr

vgl. < http://www.parmigiano-reggiano.it/dove_trova/guida_acquisto/contrassegni_marchi_garanzia.aspx > (25.02.2010)

Anhang VIII Möglicher Einsatz von Pflanzenfasern (in g/Auto)

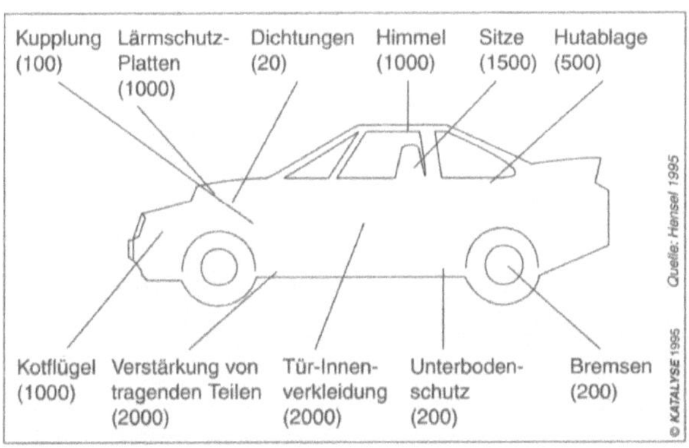

vgl. WASKOW, F. (1996), S.11